全国职业教育"十一五"规划教材

中文版 Word 2007 办公应用

实训教程

北京金企鹅文化发展中心　策划

主编　单振华

航空工业出版社

北京

内 容 提 要

本书主要面向职业技术院校，并被列入全国职业教育"十一五"规划教材。全书共 9 章，内容涵盖 Word 2007 的基础知识和基本操作、文本的输入与编辑、格式编排与打印输出、文档的高级格式设置、插入图片、插入艺术字和图形、在 Word 中插入表格、长文档的处理、邮件合并功能以及 Word 的高级功能。

本书具有如下特点：（1）满足社会实际就业需要。对传统教材的知识点进行增、删、改，让学生能真正学到满足就业要求的知识。（2）增强学生的学习兴趣。从传统的偏重知识的传授转为培养学生的实际操作技能，让学生有兴趣学习。（3）让学生能轻松学习。用实训讲解相关应用和知识点，边练边学，从而避开枯燥的讲解，让学生能轻松学习，教师也教得愉快。（4）包含大量实用技巧和练习，网上提供素材、课件和视频下载。

本书可作为中、高等职业技术院校，以及各类计算机教育培训机构的专用教材，也可供广大初、中级电脑爱好者自学使用。

图书在版编目（CIP）数据

中文版 Word 2007 办公应用实训教程 / 单振华主编.
北京：航空工业出版社，2010. 3
　ISBN　978-7-80243-407-3

　I. 中… II. 单… III. 文字处理系统，Word 2007
IV. TP391.12

中国版本图书馆 CIP 数据核字（2009）第 229855 号

中文版 Word 2007 办公应用实训教程
Zhongwenban Word 2007 Bangong Yingyong Shixun Jiaocheng

航空工业出版社出版发行
（北京市安定门外小关东里 14 号　100029）
发行部电话：010-64815615　　010-64978486

北京忠信印刷有限责任公司印刷　　　　全国各地新华书店经销
2010 年 3 月第 1 版　　　　　　　　2010 年 3 月第 1 次印刷

开本：787×1092　　1/16　　印张：12.25　　字数：290 千字

印数：1—5000　　　　　　　　　　　　定价：22.00 元

随着社会的发展，传统的职业教育模式已难以满足学生实际就业的需要。一方面，大量的毕业生无法找到满意的工作，另一方面，用人单位却在感叹无法招到符合职位要求的人才。因此，积极推进职业教学形式和内容的改革，从传统的偏重知识的传授转向注重就业能力的培养，已成为大多数中、高等职业技术院校的共识。

职业教育改革首先是教材的改革，为此，我们走访了众多院校，与许多老师探讨当前职业教育面临的问题和机遇，然后聘请具有丰富教学经验的一线教师编写了这套"电脑实训教程"系列丛书。

 丛书书目

本套教材涵盖了计算机的主要应用领域，包括计算机硬件知识、操作系统、文字录入和排版、办公软件、图形图像、三维动画、网页制作以及多媒体制作等。众多的图书品种，可以满足各类院校相关课程设置的需要。

《五笔打字实训教程》	《Illustrator 平面设计实训教程》（CS3 版）
《电脑入门实训教程》	《Photoshop 图像处理实训教程》（CS3 版）
《电脑基础实训教程》	《Dreamweaver 网页制作实训教程》（CS3 版）
《电脑组装与维护实训教程》	《CorelDRAW 平面设计实训教程》（X4 版）
《电脑综合应用实训教程》（2007 版）	《Flash 动画制作实训教程》（CS3 版）
《电脑综合应用实训教程》（2003 版）	《AutoCAD 绘图实训教程》（2009 版）
《办公自动化实训教程》（2003 版）	《方正飞腾创艺 5.0 实训教程》
《中文版 Word 2007 办公应用实训教程》	《常用工具软件实训教程》
《中文版 Excel 2007 办公应用实训教程》	《中文版 3ds Max 9.0 三维动画制作实训教程》

 丛书特色

- **满足社会实际就业需要。**对传统教材的知识点进行增、删、改，让学生能真正学到满足就业要求的知识。例如，《中文版 Word 2007 办公应用实训教程》的目标是让学生在学完本书后，能熟练应用 Word 2007 进行文档的处理工作。

- **增强学生的学习兴趣。**将传统教材的偏重知识的传授转为培养学生实际操作技能。例如，将传统教材的以知识点为主线，改为以"应用+知识点"为主线，让知识点为应用服务，从而增强学生的学习兴趣。

- **让学生能轻松学习。** 用实训去讲解软件的相关应用和知识点，边练边学，从而避开枯燥的讲解，让学生能轻松学习，教师也教得愉快。
- **语言简炼，讲解简洁，图示丰富。** 让学生花最少的时间，学到尽可能多的东西。
- **融入大量典型实用技巧和常见问题解决方法。** 在各书中都安排了大量的知识库、提示和小技巧，从而使学生能够掌握一些实际工作中必备的文档处理技巧，并能独立解决一些常见问题。
- **课后总结和练习。** 通过课后总结，学生可了解每章的重点和难点；通过精心设计的课后练习，学生可检查自己的学习效果。
- **提供素材、课件和视频。** 完整的素材可方便学生根据书中内容进行上机练习；适应教学要求的课件可减少老师备课的负担；精心录制的视频可方便老师在课堂上演示实例的制作过程。所有这些内容，学生都可从网上下载。
- **控制各章篇幅和难易程度。** 对各书内容的要求为：以实用为主，够用为度。严格控制各章篇幅和实例的难易程度，从而照顾老师教学的需要。

本书内容

- 第 1 章：通过创建"喜迎国庆"文档，介绍启动与退出 Word 2007 的方法，Word 2007 的操作界面，新建、保存、关闭与打开文档的方法。
- 第 2 章：通过制作咨询信和编辑备忘录，介绍输入文本，增补、删除与改写文本，选取文本，移动与复制文本，查找与替换文本以及操作的撤销与恢复的方法。
- 第 3 章：通过制作证明信、贺信和荣誉证书，介绍设置字符与段落格式，添加边框和底纹，文档页面设置，打印预览和打印文档的方法。
- 第 4 章：通过制作物资采购招标书及编排杂志，介绍设置项目符号与编号，应用样式，设置分页、分节、分栏以及设置页眉、页脚与页码的方法。
- 第 5 章：通过制作旅游宣传单、圣诞贺卡、儿童节活动海报以及销售渠道组织结构图，介绍插入与编辑图片、剪贴画、艺术字、图形、文本框及 SmartArt 图形的方法。
- 第 6 章：通过制作履历表、销售情况统计表，介绍插入表格，编辑表格的方法，以及绘制斜线表头、表格排序和表格计算的方法。
- 第 7 章：通过编写论文，介绍使用大纲视图构建长文档大纲，使用主控文档组织子文档，编制目录与索引以及设置脚注与尾注的方法。
- 第 8 章：通过制作录取通知书和信封，介绍 Word 2007 的邮件合并功能，以及利用信封制作向导批量制作中文信封的方法。
- 第 9 章：通过批改英文作文，以及为新闻稿设置密码，介绍检查拼写和语法错误，使用批注和修订功能，加密文档，限制修改文档格式和内容的方法。

本书适用范围

　　本书可作为中、高等职业技术院校，以及各类计算机教育培训机构的专用教材，也可供广大初、中级电脑爱好者自学使用。

本书课时安排建议

章 名	重点掌握内容	教学课时
第 1 章　Word 2007 入门	1．启动与退出 Word 2007 2．熟悉 Word 2007 的操作界面 3．新建、保存、关闭与打开文档	2 课时
第 2 章　文本的输入与编辑	1．输入文本 2．增补、删除与改写文本 3．选取文本 4．移动与复制文本 5．查找与替换文本	3 课时
第 3 章　格式编排与打印输出	1．设置字符格式 2．设置段落格式 3．页面设置 4．打印预览、打印文档	3 课时
第 4 章　文档的高级格式设置	1．应用样式 2．设置分页、分节与分栏 3．设置页眉、页脚与页码	3 课时
第 5 章　插入图片、艺术字和图形	1．插入图片、艺术字、图形与文本框 2．编辑图片、艺术字、图形与文本框	3 课时
第 6 章　在 Word 中插入表格	1．插入表格 2．编辑表格	3 课时
第 7 章　长文档的处理	1．使用大纲视图构建文档大纲 2．编制目录和索引 3．添加脚注和尾注	2 课时
第 8 章　邮件合并功能	1．创建数据源文件 2．将数据源合并到主文档中	1 课时
第 9 章　Word 的高级功能	1．使用批注与修订功能 2．加密文档	2 课时

 课件、素材下载与售后服务

　　本书配有精美的教学课件和视频，并且书中用到的全部素材和制作的全部实例都已整理和打包，读者可以登录我们的网站（http://www.bjjqe.com）下载。如果读者在学习中有什么疑问，也可登录我们的网站去寻求帮助，我们将会及时解答。

本书作者

本书由北京金企鹅文化发展中心策划，单振华主编，并邀请一线职业技术院校的老师参与编写。主要编写人员有：郭玲文、白冰、郭燕、丁永卫、常春英、孙志义、顾升路、贾洪亮、侯盼盼等。

编　者
2010 年 1 月

目　录

第 1 章　Word 2007 入门

【本章导读】

Word 2007 是 Office 2007 中的一个重要组成部分，它是一款优秀的文字处理软件，利用它可以迅速、轻松地创建外观精美的文档，以满足日常办公的需要。从本章开始，我们将带领大家认识 Word 2007，掌握它的使用方法。

【本章内容提要】

- ☞ 掌握启动与退出 Word 2007 的方法
- ☞ 熟悉 Word 2007 的操作界面
- ☞ 掌握如何新建和保存文档
- ☞ 掌握如何关闭与打开文档
- ☞ 掌握如何使用 Word 2007 的帮助功能

1.1　初识 Word 2007

在学习 Word 2007 的使用方法之前，掌握一些软件基本操作是必不可少的。本节我们就来学习如何启动与退出 Word 2007，以及熟悉 Word 2007 操作界面的各组成部分及其作用。

实训 1　启动 Word 2007

【实训目的】

- 掌握启动 Word 2007 的方法。

【操作步骤】

步骤 1▶ 安装好 Office 2007 软件后,就可以启动 Word 2007 程序了,启动 Word 2007 的常用方法有以下两种。

● 单击桌面下方任务栏中的"开始"按钮 ,然后选择"所有程序">"Microsoft Office">"Microsoft Office Word 2007"菜单项启动程序,如图 1-1 左图所示。

● 如果桌面上有 Word 2007 的快捷图标 ,可双击该图标启动程序,如图 1-1 右图所示。

图 1-1 启动 Word 2007

 提示

若桌面上没有显示 Word 2007 的快捷图标,可通过以下方法添加。选择"开始">"所有程序">"Microsoft Office"菜单,在弹出的子菜单中右击"Microsoft Office Word 2007"菜单项,在打开的快捷菜单中选择"发送到>桌面快捷方式"菜单项,如图 1-2 所示。

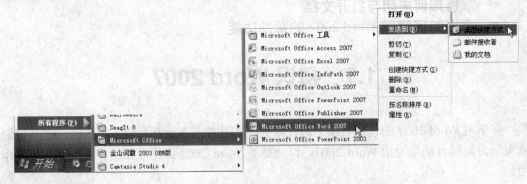

图 1-2 创建快捷图标

步骤 2▶ 启动 Word 2007 后进入其操作界面,Word 2007 的操作界面主要由标题栏、快速访问工具栏、Office 按钮、功能区、状态栏、文档编辑区等部分组成,如图 1-3 所示。

Office 按钮　　快速访问工具栏　　　　标题栏　　　　　功能区　　　　　窗口控制按钮

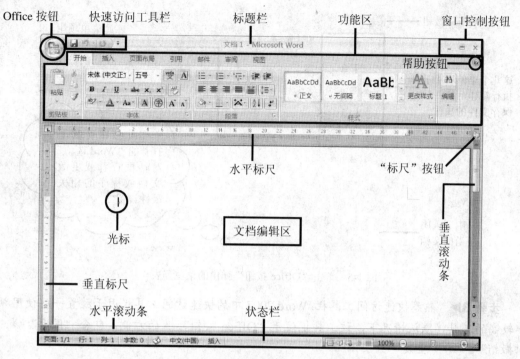

帮助按钮

水平标尺　　　　　　　　　　　　　　"标尺"按钮

光标

文档编辑区

垂直滚动条

垂直标尺

水平滚动条　　　　　　状态栏

图 1-3　Word 2007 的操作界面

实训 2　熟悉 Word 2007 的操作界面

【实训目的】

● 熟悉 Word 2007 操作界面的各组成部分及其功能。

【操作步骤】

步骤 1▶　熟悉 Word 2007 操作界面的标题栏。标题栏位于 Word 2007 操作界面的最顶端，其中显示了当前编辑的文档名称及程序名称，标题栏的最右端是三个窗口控制按钮，分别用于对 Word 2007 的窗口执行最小化、最大化/还原和关闭操作，如图 1-4 所示。

当前编辑的　　　　　　　　　　单击此按钮可　　　单击此按钮
文档的名称　　　　　　　　　　将窗口最小化　　　可关闭窗口

程序名称　　　　　　　　　　　　　　　单击此按钮可将窗
　　　　　　　　　　　　　　　　　　　口最大化或还原

图 1-4　标题栏

步骤 2▶　熟悉"Office 按钮" 。"Office 按钮"位于操作界面的左上角，单击此按钮，可在展开的菜单列表中执行新建、打开、保存、打印以及关闭文档和退出程序等操作，如图 1-5 所示。

图 1-5　单击"Office 按钮"弹出的菜单列表

步骤 3▶　熟悉快速访问工具栏。Word 2007 中的快速访问工具栏用于放置一些使用频率较高的工具，默认情况下，该工具栏位于"Office 按钮" 的右侧，包含"保存" 、"撤销" 和"重复" 按钮。

　　若要在快速访问工具栏中添加或删除工具，可单击快速访问工具栏右侧的三角按钮 ，在弹出的"自定义快速访问工具栏"菜单中单击选择要向其中添加或删除的工具。例如，选择"新建"选项，"新建"工具被添加到快捷访问工具栏中，如图 1-6 所示。

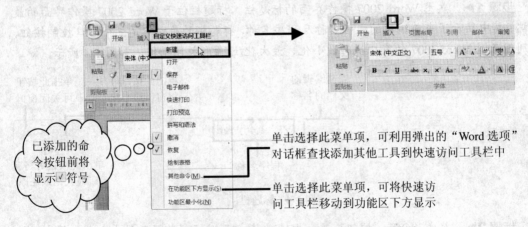

图 1-6　添加"新建"工具到快速访问工具栏中

步骤 4▶　熟悉功能区。功能区位于标题栏的下方，用于存放编排文档时所需要的工具。单击功能区中的选项卡，可切换功能区中显示的工具，在每一个选项卡中，工具又被分类放置在不同的组中，如图 1-7 所示。

图 1-7 功能区

组的右下角通常都会有一个对话框启动器按钮，用于打开与该组命令相关的对话框，以便用户对要进行的操作做更进一步的设置。例如，单击"字体"组右下角的对话框启动器按钮，可打开如图 1-8 所示的"字体"对话框。

图 1-8 "字体"对话框

步骤 5▶ 熟悉状态栏。状态栏位于操作界面的最底端，用于显示文档的相关信息，例如，当前的页码及总页数、文档包含的字数和编辑模式等，如图 1-9 所示。

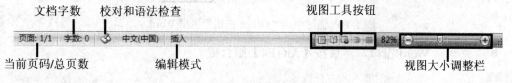

图 1-9 状态栏

步骤 6▶ 熟悉文档编辑区。Word 2007 操作界面中的空白区域为文档编辑区，它是文档编排的场所。文档编辑区中显示的黑色竖线为光标，用于显示当前文档正在编辑的位置。

步骤 7▶ 认识水平标尺和垂直标尺。水平标尺和垂直标尺用于指示字符在页面中的位置。另外，用户还可以利用标尺调整段落缩进，设置与清除制表位，以及调整栏宽等。

默认情况下，标尺并没有显示，我们可通过单击文档编辑区右上方的"标尺"按钮 来显示标尺。

步骤 8▶ 认识水平滚动条和垂直滚动条。当文档内容不能完全显示在窗口中时，我们可通过拖动文档编辑区右侧的垂直滚动条和下方的水平滚动条查看隐藏的内容。

实训 3 退出 Word 2007

【实训目的】
● 掌握退出 Word 2007 程序的方法。

【操作步骤】

退出 Word 2007 的方法有多种，下面介绍几种常用的方法。

● 单击窗口标题栏右侧的"关闭"按钮 × 即可退出程序，如图 1-10 所示。

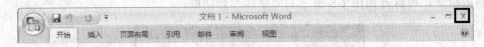

图 1-10 利用"关闭"按钮退出程序

● 单击窗口左上角的"Office 按钮" ，在打开的菜单中单击"退出 Word"按钮，如图 1-11 所示。

图 1-11 通过单击"Office 按钮"退出 Word

● 先激活 Word 窗口，然后按【Alt+F4】组合键。

提 示

在退出 Word 2007 程序的同时，当前打开的所有 Word 文档也将关闭。如果用户对文档进行了操作而没有保存，系统会弹出一提示窗口，提示用户保存文档。保存文档的操作详见后面的叙述。

1.2　创建文档——创建名为"喜迎国庆"的文档

　　启动 Word 2007 后，系统将自动创建一个空白文档，若我们要再次创建新文档应该如何操作？如何保存创建的文档？又如何关闭和打开文档呢？带着这些问题我们来学习本节的内容。

实训 4　新建并保存文档

【实训目的】
● 　掌握新建以及保存文档的方法。

【操作步骤】

步骤 1▶ 　要新建空白文档，可单击 "Office 按钮" ，在弹出的菜单列表中选择"新建"菜单项，如图 1-12 所示。

图 1-12　选择"新建"菜单项

　　步骤 2▶ 　在打开的"新建文档"对话框左侧的"模板"列表框中选择"空白文档和最近使用的文档"项，然后在中部的"空白文档和最近使用的文档"列表中选择"空白文档"项，如图 1-13 所示，最后单击该对话框中的"创建"按钮即可创建新的空白文档。

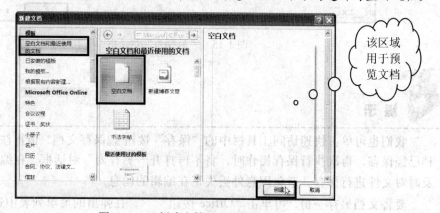

图 1-13　"新建文档"对话框

步骤 3▶ 要保存文件，可单击"Office 按钮" ，在弹出的菜单列表中选择"保存"菜单项，如图 1-14 所示。

图 1-14 选择"保存"命令

步骤 4▶ 在打开的"另存为"对话框的"保存位置"下拉列表中选择文件要保存的位置，在"文件名"编辑框中输入文件的名称，在这里我们输入"喜迎国庆"，然后在"保存类型"下拉列表中选择要保存为的文件类型，如图 1-15 所示，最后单击"保存"按钮即可将文件保存。

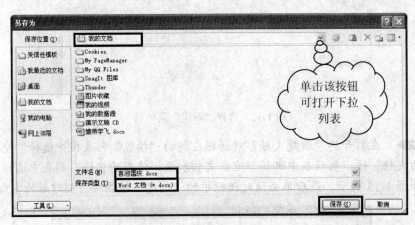

图 1-15 "另存为"对话框

提示

　　我们也可单击快速访问工具栏中的"保存"按钮 保存文档，值得注意的是，若文档已经保存，再次执行保存操作时，将不再打开"另存为"对话框。在编辑过程中，应及时对文件进行保存，避免因意外丢失正在编辑的信息。

　　要将文档另存一份，可单击"Office 按钮" ，在弹出的菜单列表中选择"另存为"菜单项，在打开的"另存为"对话框中进行设置。

步骤 5▶ 保存文档后，Word 操作界面标题栏中文档的名称将显示为文档保存时的名称，如图 1-16 所示。

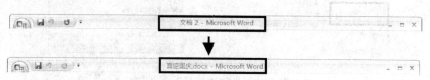

图 1-16 保存文档前后的标题栏

实训 5 关闭与打开文档

【实训目的】

● 掌握关闭和打开文档的方法。

【操作步骤】

步骤 1▶ 要关闭文档，可单击"Office 按钮" ，在弹出的菜单列表中单击"关闭"菜单项，如图 1-17 所示，关闭当前编辑文档。

提 示

在关闭文档时，若文件尚未保存，系统将弹出提示对话框，提醒用户保存文档，如图 1-18 所示，单击"是"按钮，对文档进行保存，单击"否"按钮，表示不保存文档，单击"取消"按钮，表示取消当前操作。

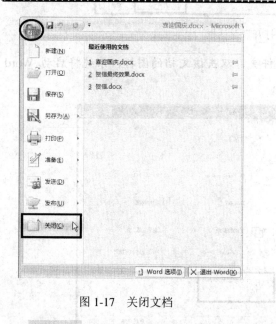

图 1-17 关闭文档

图 1-18 提示保存对话框

步骤 2▶ 若要打开文档，可单击"Office 按钮" ，在弹出的菜单列表中单击选择"打开"菜单项，如图 1-19 所示。

图 1-19 选择"打开"命令

步骤 3▶ 在打开的"打开"对话框的"查找范围"下拉列表中选择文件所在位置，然后选择要打开的文件，如图 1-20 所示，最后单击该对话框中的"打开"按钮，即可打开所选的文件。

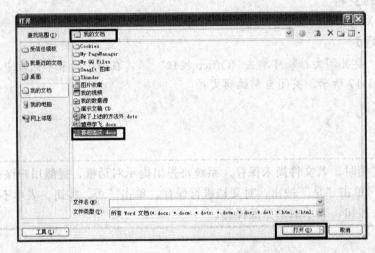

图 1-20 "打开"对话框

步骤 4▶ 我们可打开文档所存放的文件夹，双击该文档的图标，系统将启动 Word 2007 并打开该文档，如图 1-21 所示。

图 1-21 在文件夹中打开文档

步骤 5▶　若要打开最近编辑的文档，可单击 "Office 按钮" ，在右侧的列表框中显示了最近使用过的 17 个文档，如图 1-22 左图所示，单击所需文档名称即可将其打开。

此外，我们还可单击 "开始" > "我最近的文档" 菜单，在弹出的列表中选择打开最近使用的文档，值得注意的是，该列表中显示有多种类型的文件，文件名左侧显示 图标的是 Word 2007 文档，如图 1-22 右图所示。

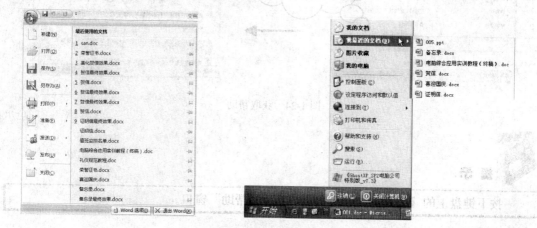

图 1-22　打开最近编辑的文档

1.3　使用 Word 2007 的帮助功能

在编排文档的过程中，如果遇到有关操作的疑难问题，可利用 Word 2007 提供的帮助功能解决，具体操作步骤如下。

步骤 1▶　在 Word 2007 的操作界面中，单击功能区右上角的 "Microsoft Office Word 帮助" 按钮，如图 1-23 所示。

图 1-23　单击 "帮助" 按钮

步骤 2▶　在打开的 "Word 帮助" 窗口的 "搜索" 编辑框中输入要帮助的主题，如 "插入图片"，然后单击其右侧的 "搜索" 按钮，如图 1-24 左图所示，则在 "Word 帮助" 窗口中将列出与要帮助的主题相关的信息，如图 1-24 右图所示，用户可查看需要的帮助信息。

图 1-24　获取帮助

> 按下键盘上的【F1】键，也可打开"Word 帮助"窗口。

1.4　技巧与提高

1. 套用已安装的模板新建文档

　　Word 2007 自带了许多模板，每个模板中都包含了一类文档的特定格式，用户可以根据需要选用适合的模板创建文档，从而快速创建各种类型的专业文档。套用模板新建文档的具体方法如下。

　　在"新建文档"对话框的"模板"列表框中选择"已安装的模板"项，然后在该对话框的"已安装模板"列表框中选择需要的模板，如"平衡信函"，如图 1-25 所示，最后单击"创建"按钮即可新建"平衡信函"文档，如图 1-26 所示。

单击该区域中的选项，可在线查找并免费下载更多的模板以满足需要

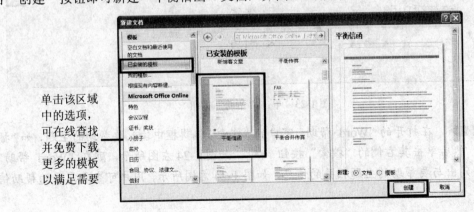

图 1-25　套用已安装的模板创建文档

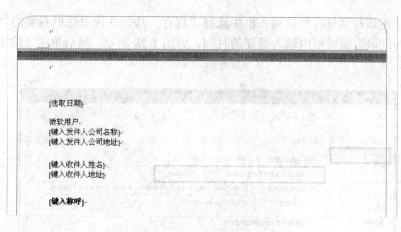

图 1-26 新建的"平衡信函"文档

2．将 Word 2007 另存为旧版本兼容的文档

使用 Word 2007 创建的文档无法在 Word 2003 等较低版本的程序中进行编辑，为了使两者兼容，在 Word 2007 中可以将文档保存为与 Word 2003 等版本兼容的格式。

单击"Office 按钮" 🔵，在打开的菜单列表中选择"另存为" >"Word 97-2003 文档"菜单项，如图 1-27 所示，然后可利用打开的"另存为"对话框将文档进行保存。

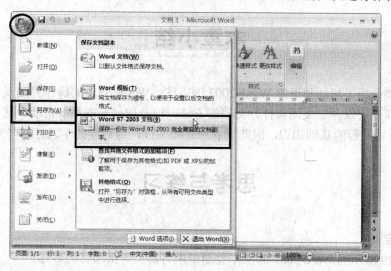

图 1-27 将 Word 2007 文档保存为与其他版本兼容的文档

3．设置文档的自动保存间隔时间

为了避免出现断电、死机等意外造成文档中正在编辑的信息丢失的情况，我们可以根据需要设置文档自动保存的间隔时间,这样系统每隔设定的时间就会对文档自动进行保存,程序意外关闭后，再次启动 Word 2007，文档中的内容会得到恢复。

单击"Office 按钮" 🔵，在打开的菜单列表中单击"Word 选项"按钮，打开"Word 选项"对话框,在该对话框左侧的列表框中选择"保存"项,在该对话框右侧的"保存自动恢复信息时间间隔"编辑框中输入需要的时间,如图 1-28 所示,然后单击"确定"按钮即可。

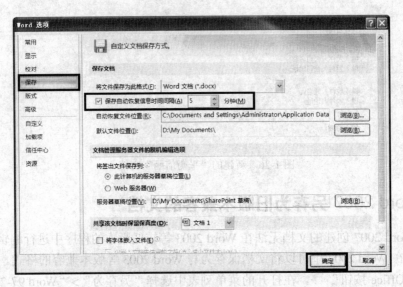

图 1-28　设置文档的自动保存间隔时间

本章小结

本章主要介绍了启动和退出 Word 2007 的方法,Word 2007 的操作界面及其各组成部分的功能,新建、保存、关闭和打开文档的方法,以及如何获取系统帮助。这些都是学习 Word 2007 所需掌握的基础知识,因此读者应熟练掌握,为后续的学习打好坚实的基础。

思考与练习

一、填空题

在图 1-29 所示的 Word 2007 的操作界面中填写箭头所指项目的名称。

二、问答题

1. 简述启动 Word 2007 的方法。
2. 简述打开 Word 文档的方法。

三、操作题

新建一个 Word 文档并将其保存为"学习 Word 2007"。

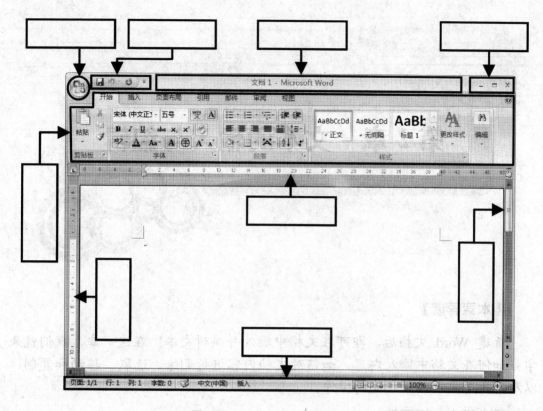

图 1-29　Word 2007 的操作界面

第2章 文本的输入与编辑

【本章导读】

新建 Word 文档后，即可在文档中输入并编辑文本。在这一章，我们就来学习如何在文档中输入内容，如何对文档内容进行删除、选取、移动和复制，以及其他与文本编辑相关的操作。

【本章内容提要】

☞ 输入文本
☞ 编辑文本

2.1 输入文本——制作咨询信

要对文档进行编辑，首先需要输入文本内容。我们可以在文档中输入汉字、字母、数字以及各种标点，还可以在文档中插入各种特殊符号，以及添加可以自动更新的日期和时间。本节，我们以制作图 2-1 所示的咨询信为例，介绍如何在 Word 文档中输入文本。实例的最终效果参见本书配套素材"素材与实例">"实例效果">"第 2 章">"咨询信最终效果.docx"。

图 2-1 使用 Word 制作的咨询信

实训 1　输入文字

【实训目的】
● 掌握在文档中输入文字的方法。

【操作步骤】

步骤 1▶　新建一个 Word 空白文档，并以"咨询信"为名将其进行保存。

步骤 2▶　单击任务栏右侧的输入法指示器按钮，在弹出的列表中选择一种中文输入法，然后输入文本"咨询信"，所输入的文字依次显示在光标的左侧，如图 2-2 所示。

图 2-2　输入文本

.提 示.

　若光标未显示，可在工作区中单击鼠标。

步骤 3▶　按【Enter】键开始新的段落，继续输入其他文字。在输入过程中，若出现输入错误，可按键盘上的【Backspace】键删除输错的内容，然后重新输入，当输入的文本满一行时，系统将自动换行，若需要插入空字符，按空格键即可，输入文字后的最终效果如图 2-3 所示。

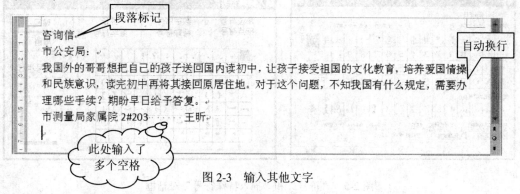

图 2-3　输入其他文字

实训 2　输入特殊符号与当前日期

【实训目的】
● 掌握输入特殊符号的方法。
● 掌握输入当前日期和时间的方法。

【操作步骤】

步骤 1▶ 若要在文档中输入键盘上没有的特殊符号，可单击要插入特殊符号的位置，在该处插入光标，如图 2-4 左图所示。

步骤 2▶ 单击"插入"选项卡上"符号"或"特殊符号"组中的"符号"按钮，在展开的列表中单击需要的符号，如图 2-4 中图所示，即可将该符号插入文档中，效果如图 2-4 右图所示。

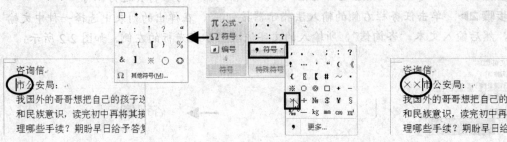

图 2-4 插入特殊符号

提 示

若列表中没有用户所需符号，可单击列表中的"其他符号"或"更多"项，打开"符号"或"插入特殊符号"对话框，如图 2-5 所示。单击不同的选项卡，可显示不同的符号，单击选择希望插入的符号，然后单击"插入"或"确定"按钮，即可将其插入到文档中。

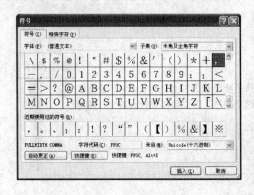
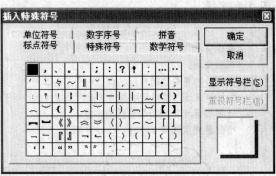

图 2-5 "符号"和"插入特殊符号"对话框

步骤 3▶ 用同样的方法在文档中的其他位置插入特殊符号，如图 2-6 所示。

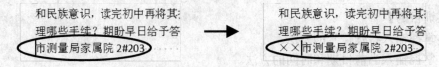

图 2-6 在文档的其他位置插入特殊符号

步骤 4▶ 若要在文档中插入当前的日期和时间，可单击要插入当前日期和时间的位置，在该处插入光标。

步骤 5▶ 单击"插入"选项卡"文本"组中的"日期和时间"按钮，打开"日期和时间"对话框，在该对话框的列表框中选择一种日期或时间的格式，如图 2-7 左图所示，然后单击"确定"按钮，即可将当前的日期插入到文档中，如图 2-7 右图所示。

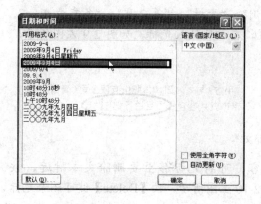
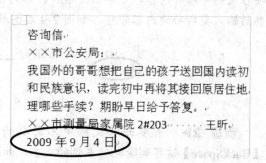

图 2-7　在文档中插入当前日期

 **提　示**

选中"日期和时间"对话框中的"自动更新"选项，则每次打开该文档时，文中的日期和时间自动调整与系统当前的日期和时间一致。

2.2　编辑文本——编辑备忘录

在文档中输入文本后，通常还需要对文本进行增补、删除、改写、选取、移动和复制等操作，本节将通过编辑备忘录来学习这些操作，编辑后的效果如图 2-8 所示。实例的最终效果参见本书配套素材"素材与实例">"实例效果">"第 2 章">"备忘录最终效果.docx"。

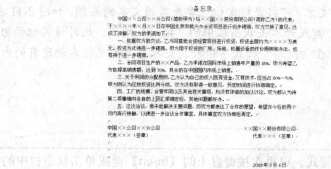

图 2-8　编辑后的效果

实训 3 增补、删除与改写文本

【实训目的】

● 掌握增补、删除和改写文本的方法。

【操作步骤】

步骤 1▶ 打开本书提供的素材"素材与实例">"素材">"第 2 章">"备忘录.docx"。要在文档中增补内容，可单击要增补内容的位置，在该处插入光标，如图 2-9 左图所示，然后输入要增补的内容即可，如图 2-9 右图所示。

图 2-9 增补文本

步骤 2▶ 若要删除文档中不需要的内容，可将光标移至要删除文本附近，按【BackSpace】键可删除光标左侧的文本，如图 2-10 上图所示，按【Delete】键可删除光标右侧的文本，如图 2-10 下图所示。

图 2-10 删除文本

若需删除的内容较多，可在选取文本内容后，再按【BackSpace】键或【Delete】键执行删除操作，关于选取文本的操作将在本节实训 4 中详细介绍。

步骤 3▶ 若要改写文本，可将光标定位至要改写的文本的左侧，如图 2-11 左图所示，然后按键盘上的【Insert】键或者单击状态栏中的"插入"按钮，此时该按钮变为"改写"，表示进入"改写"模式，在"改写"模式下输入的文本将覆盖光标右侧现有的内容，如图 2-11 右图所示。

若要取消"改写"模式，可再次按键盘上的【Insert】键或单击状态栏中的"改写"按钮。

图 2-11 改写文本

知识库

> 除在"改写"模式下改写文本外,我们也可在"插入"模式下选中要改写的文本,然后输入新的内容,新输入的内容将替换选中的内容。

实训 4 选取文本

在对文本进行编辑操作前,通常都需要先选中文本。下面我们就来学习选取文本的方法。

【实训目的】

● 掌握选取文本的方法。

【操作步骤】

步骤 1▶ 要选取任意文本区域,可将鼠标指针移至要选取区域的起始位置,如图 2-12 左图所示,然后按住鼠标左键拖动鼠标至区域结束位置,最后释放鼠标左键,选中的文本以蓝色底纹标示,如图 2-12 右图所示。

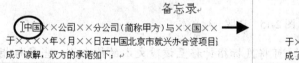

图 2-12 选取任意文本区域

小技巧

> 当要选中的文本区域跨度较大时,使用鼠标拖动的方法将极为不便,此时我们可以在要选中的文本区域的起始处单击,然后滚动鼠标滚轮或拖动垂直滚动条,在编辑区显示文本区域的结束位置,按住【Shift】键的同时在文本区域的结束处单击鼠标,选中两单击位置之间的文本。

提示

若要同时选取多处文本区域，可在选取一处文本后，按住【Ctrl】键选取下一处文本，如图 2-13 所示。

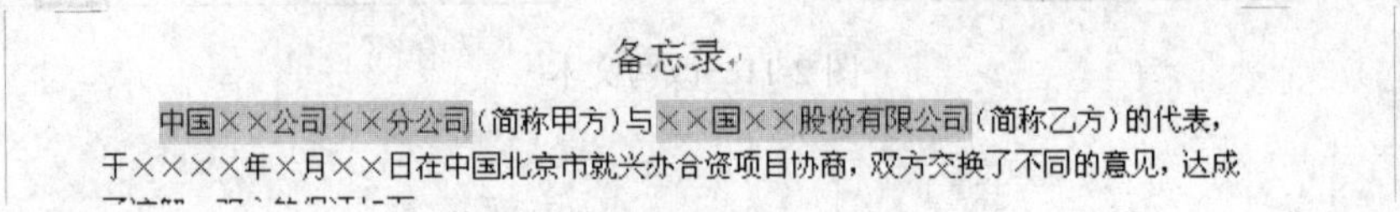

备忘录

中国××公司××分公司(简称甲方)与××国××股份有限公司(简称乙方)的代表，于××××年×月×日在中国北京市就兴办合资项目协商，双方交换了不同的意见，达成

图 2-13　同时选取多处文本区域

步骤 2▶　若要选取一个词组，可将鼠标指针移动到词组中的任意位置，然后双击鼠标，如图 2-14 所示。

图 2-14　选取一个词组

步骤 3▶　若要选取一个句子，按下【Ctrl】键的同时，在要选取的句子中的任意位置单击鼠标。

步骤 4▶　若要选取一行文本，可将光标移至该行文本的最左侧，当鼠标指针变为"▧"形状时单击鼠标，如图 2-15 所示。若要选取连续的多行文本，可将光标移动到一行文本的最左侧，当鼠标指针变为"▧"形状时按下鼠标左键向上或向下拖动鼠标。

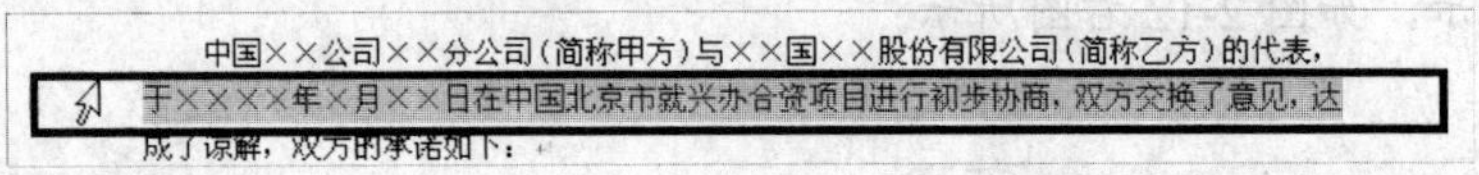

中国××公司××分公司(简称甲方)与××国××股份有限公司(简称乙方)的代表，
于××××年×月×日在中国北京市就兴办合资项目进行初步协商，双方交换了意见，达
成了谅解，双方的承诺如下：

图 2-15　选取一行文本

步骤 5▶　若要选取一段文本，可将鼠标指针移至该段文本的最左侧，当鼠标指针变为"▧"形状时双击鼠标，如图 2-16 所示。

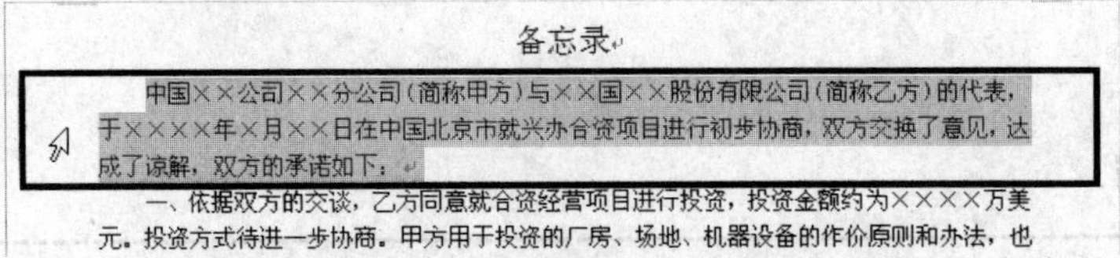

备忘录

中国××公司××分公司(简称甲方)与××国××股份有限公司(简称乙方)的代表，
于××××年×月×日在中国北京市就兴办合资项目进行初步协商，双方交换了意见，达
成了谅解，双方的承诺如下：
一、依据双方的交谈，乙方同意就合资经营项目进行投资，投资金额约为××××万美
元，投资方式待进一步协商。甲方用于投资的厂房、场地、机器设备的作价原则和办法，也

图 2-16　选取一段文本

步骤 6▶　若要选取整篇文档，可将鼠标指针移动到文档中任意一行的最左侧，当鼠标指针变为"▧"形状时，连击三次鼠标左键，或者按【Ctrl+A】组合键。

.提 示.

在文档内的任意位置单击可取消文本的选中状态。

实训 5　移动与复制文本

移动与复制文本也是编辑文档时常用的操作。例如，对放置不当的文本，可以快速将其移到满意的位置，对重复出现的文本，不必一次次地重复输入。移动和复制操作不仅可以在同一个文档中使用，还可以在多个文档之间进行。

移动和复制文本常用的方法有两种：一种是使用鼠标拖动；另一种是使用"剪切"、"复制"和"粘贴"命令。

【实训目的】

● 掌握移动和复制文本的方法。

【操作步骤】

步骤 1▶　若要短距离移动文本，使用鼠标拖动的方法较为方便。其方法是：选中要移动的文本，然后将鼠标指针移到选中的文本上，此时鼠标指针呈" "形状，如图 2-17 上图所示。

步骤 2▶　按住鼠标左键并拖动，此时以" "标示移动位置，以" "标示移动操作，如图 2-17 中图所示，待" "显示在目标位置时，释放鼠标左键，所选文本会从原位置移动到目标位置，如图 2-17 下图所示。

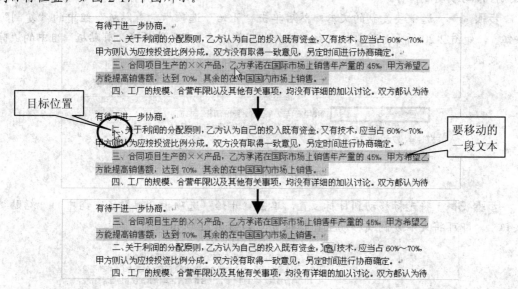

图 2-17　移动文本

步骤 3▶　继续通过移动操作将第三段和第四段的项目符号互换，互换后的效果如图 2-18 右图所示。

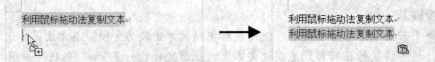

图 2-18 移动其他文本

提 示

若在拖动鼠标的同时按住【Ctrl】键，此时鼠标指针变为 "🔲" 形状，表示当前执行的是复制操作，如图 2-19 左图所示，释放鼠标后，所选文本即被复制到目标位置，如图 2-19 右图所示。

利用鼠标拖动法复制文本

利用鼠标拖动法复制文本
利用鼠标拖动法复制文本

图 2-19 利用鼠标拖动法复制文本

若要移动或复制的文本的原位置离目标位置较远，或不在同一篇文档中，可利用剪贴板执行移动或复制操作。

步骤 4▶ 选中要复制的文本，然后单击 "开始" 选项卡 "剪贴板" 组中的 "复制" 按钮🔳，如图 2-20 所示。若要执行移动操作，可单击 "开始" 选项卡 "剪贴板" 组中的 "剪切" 按钮🔳。

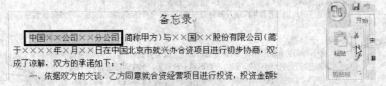

图 2-20 选取并复制文本

步骤 5▶ 将光标移动到目标位置，单击 "开始" 选项卡 "剪贴板" 组中的 "粘贴" 按钮🔳，即可将文本复制或移动至目标位置，如图 2-21 所示。

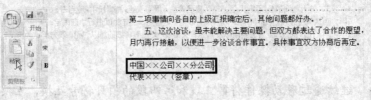

图 2-21 粘贴文本

提示

读者也可按【Ctrl+X】、【Ctrl+C】或【Ctrl+V】快捷键执行剪切、复制或粘贴操作。

步骤6▶ 用同样的方法复制其他文本到指定的位置，效果如图 2-22 所示。

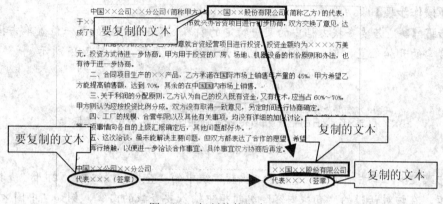

图 2-22　复制其他文本

知识库

除了上述方法外，我们还可通过以下方法移动或复制文本。选取要移动或复制的文本后，在选取的文本上单击鼠标右键，在弹出的快捷菜单中选择"剪切"或"复制"项，然后在目标位置处单击鼠标右键，在弹出的快捷菜单中选择"粘贴"项即可。

提示

将文本移动或复制到目标位置后，通常会显示一个"粘贴选项"按钮，单击该按钮，在弹出的菜单列表中，可对移动或复制后文本的格式进行相应的设置。例如，复制后保留源文本的格式，或者复制后匹配目标位置的格式，分别如图 2-23 和图 2-24 所示。

图 2-23　"保留源格式"选项的作用　　　　图 2-24　"匹配目标格式"选项的作用

实训6　查找与替换文本

利用 Word 2007 提供的查找与替换功能，不仅可以在文档中迅速查找到相关内容，还可以将查找到的内容替换成其他内容。

【实训目的】
● 掌握查找和替换文本的方法。

【操作步骤】

步骤 1▶　若要查找文档中的某一特定的内容，可在文档中的某一位置单击插入光标，确定搜索的开始位置，例如我们在文档的开始处插入光标，如图 2-25 所示。

中国××公司××分公司(简称甲方)与××国××股份有限公司(简称乙方)的代表，
于××××年×月××日在中国北京市就兴办合资项目进行初步协商，双方交换了意见，达

图 2-25　指定搜索的开始位置

步骤 2▶　单击"开始"选项卡"编辑"组中的"查找"按钮，打开"查找和替换"对话框，在该对话框的"查找内容"编辑框中输入要查找的内容，例如"中国××公司××分公司"，如图 2-26 所示。

图 2-26　单击"查找"按钮和"查找和替换"对话框

步骤 3▶　单击"查找和替换"对话框中的"查找下一处"按钮，系统将从光标所在的位置开始搜索，然后停在第一次出现文字"中国××公司××分公司"的位置，查找到的内容以蓝色底纹显示，如图 2-27 所示。

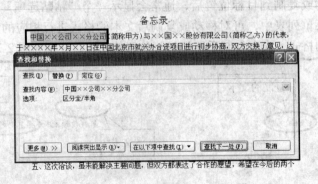

图 2-27　查找文本

步骤 4▶　单击"查找下一处"按钮，系统将继续查找，并停在下一个"中国××公司××分公司"出现的位置。

步骤 5▶　当对整篇文档查找完毕后，系统将弹出提示对话框，如图 2-28 所示，单击该对话框中的"确定"按钮，完成查找操作并返回"查找和替换"对话框，单击"取消"按钮关闭该对话框。

.提 示.

与一般对话框不同，我们可以在不关闭"查找和替换"对话框的情况下，在文档中执行其他操作。例如，我们要对个别查找到的内容进行修改时，可直接在文档中进行操作，然后再返回对话框中查找下一处内容，省去重新打开该对话框的麻烦。

步骤 6▶　若要替换文档中的某一单词或词组，可单击"开始"选项卡"编辑"组中的"替换"按钮，打开"查找和替换"对话框，在"查找内容"编辑框中输入要查找的内容，如"协商"，在"替换为"编辑框中输入替换为的内容，如"磋商"，如图 2-29 所示。

图 2-28　提示对话框

图 2-29　"查找和替换"对话框

步骤 7▶　单击"查找下一处"按钮，系统将从光标所在的位置开始查找，然后停在第一次出现文字"协商"的位置，查找到的文字以蓝色底纹显示，如图 2-30 所示。

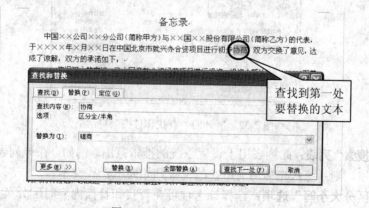

图 2-30　查找替换内容

步骤 8▶　单击"替换"按钮，将该处的"协商"替换为"磋商"，同时，下一个要被替换的内容以蓝色底纹显示，如图 2-31 所示。

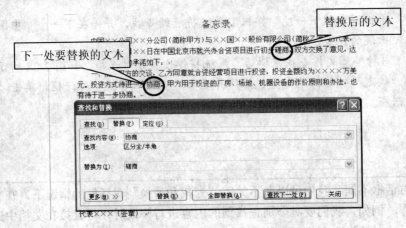

图 2-31　替换文字

步骤 9▶　若不需要替换查找到的文本，可单击"查找下一处"按钮继续查找，单击 "全部替换"按钮，可快速替换文档中所有符合查找条件的文本内容，完成替换操作后， 在显示的提示对话框中单击"确定"按钮，然后关闭"查找和替换"对话框即可，最终效 果见本书的素材文件"素材与实例">"实例效果">"第 2 章">"备忘录最终效果.docx"。

单击"查找和替换"对话框中的"更多"按钮，将展开该对话框，如图 2-32 所示，利 用展开部分中的选项可进行文本的高级查找和替换操作，现将部分选项和按钮的作用介绍 如下。

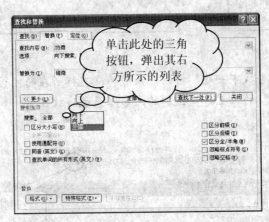

图 2-32　展开的"查找和替换"对话框

● **"搜索"列表**：此列表用于设置系统的搜索范围。例如，在该列表中选择"向上" 选项，则系统从光标当前所在的位置开始向上查找文本。

● **"区分大小写"选项**：选择该选项可在查找和替换内容时区分英文大小写。

● **"使用通配符"选项**：选中该选项可以利用通配符"？"（代表单个字符）和"＊" （代表多个字符）进行查找和替换。例如，在"查找内容"编辑框中输入"电？" 可以查找"电话"、"电信"和"电脑"等词组；输入"电＊"可以查找"电话"、 "电话机"和"电冰箱"等字符串。

- **"格式"按钮**：利用该按钮可查找具有特定格式的内容，或将内容替换为特定的格式。
- **"特殊格式"按钮**：可查找诸如段落标记、制表符等特殊符号。

·提 示·

为查找或替换的文本设定格式后，"查找和替换"对话框中的"不限定格式"按钮处于活动状态，将光标放置在"查找内容"或"替换为"编辑框中，单击此按钮可取消相应内容的格式设置。

实训 7　操作的撤销与恢复

在 Word 中输入和编辑文档时，系统会自动记录用户执行的每一步操作。当执行了错误的操作时，我们可以通过"撤销"和"恢复"操作进行更正。

【实训目的】
- 掌握操作的撤销和恢复的方法。

【操作步骤】

步骤 1▶　要撤销最后一步操作，可单击快速访问工具栏中的"撤销"按钮，如需撤销多步操作，可重复单击"撤销"按钮，或单击"撤销"按钮右侧的三角按钮，在打开的列表中选择要撤销的操作，如图 2-33 所示，则此操作前的所有操作将被撤销。

步骤 2▶　在执行完撤销操作后，在"撤销"按钮的右侧将显示"恢复"按钮，要恢复被撤销的操作，可单击该按钮，如图 2-34 所示，若要恢复多步被撤销的操作，可连续多次单击"恢复"按钮。

·提 示·

若在执行撤销操作后又执行了其他操作，则被撤销的操作将无法恢复。

如果用户执行了可重复操作，"撤销"按钮右侧的"重复"按钮置活动状态，单击该按钮可重复上一步的操作。值得注意的是，有时需要先选中文档中的内容再执行重复操作。

图 2-33　撤销操作

图 2-34　恢复操作

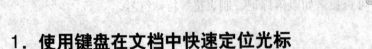

2.3　技巧与提高

1．使用键盘在文档中快速定位光标

在编辑文档时，除了通过在目标位置单击定位光标外，我们也可以利用键盘上的按键快速定位光标。

- 按【Home】键，可快速将光标移动到其当前所在行的行首；按【End】键，可将光标移动到其当前所在行的行尾。
- 按键盘上的向上或向下方向键，可将光标上移或下移一行；按向左或向右方向键，可将光标左移或右移一个字符。
- 按住【Ctrl】键的同时，按下向上或向下方向键，可将光标上移或下移一个段落。
- 默认情况下，按【Ctrl+Page Up】组合键，或单击垂直滚动条下方的 按钮，可将光标移至上一页起始处，按【Ctrl+Page Down】组合键或单击 按钮，可将光标移至下一页起始处。
  若用户执行过浏览与定位操作，则这组按钮与快捷键的作用会发生变化。例如，当执行过查找操作后，它们的作用将是查找上一个和查找下一个。
- 按【Ctrl+Home】组合键，可将光标移至文档起始处；按下【Ctrl+End】组合键可将光标移至文档的结尾处。

2．使用剪贴板一次粘贴多项内容

当用户使用工具命令对所选文本执行剪切或复制操作时，所选内容或其副本将被转移至剪贴板，执行粘贴操作时，最近一次剪切或复制的内容将显示在目标位置。剪贴板是文档进行信息传送的中间媒介。

一般情况下，Word 2007 的剪贴板中可保存 24 条最近剪切或复制的内容项目，利用"剪贴板"任务窗格，我们可以方便地进行多项内容复制操作，操作方法如下。

步骤 1▶ 单击"剪贴板"组右下角的对话框启动器按钮 ，打开"剪贴板"任务窗格。

步骤 2▶ 鼠标指针移至要粘贴内容的上方，单击鼠标可将其粘贴至当前光标位置；若单击其右侧的三角按钮或右击鼠标，在弹出的列表中可选择所需的操作。

步骤 3▶ 单击"全部粘贴"或"全部清空"按钮，可将剪贴板中的全部内容粘贴至当前光标位置或将其全部清除，如图 2-35 所示。

3．快速去除网页文字的多余格式

通常，当我们复制网页中的内容到文档中时，网页格式也一并粘贴进来，为文档格式设置带来麻烦。为避免该问题的出现，我们可使用"选择性粘贴"命令粘贴网页内容，操作方法如下。

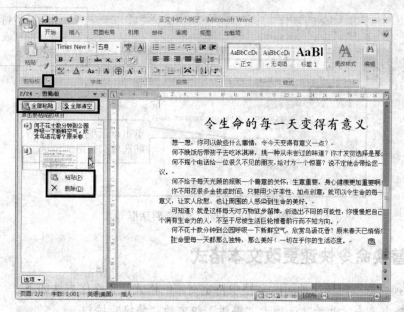

图 2-35　剪贴板的操作

在网页中复制文本内容后，单击"开始"选项卡"剪贴板"组中"粘贴"按钮下方的三角按钮，在弹出的列表中选择"选择性粘贴"项，如图 2-36 左图所示，打开"选择性粘贴"对话框，在该对话框的列表框中显示了多种文档内容粘贴形式，在此选择"无格式文本"项，如图 2-36 右图所示，然后单击"确定"按钮即可。

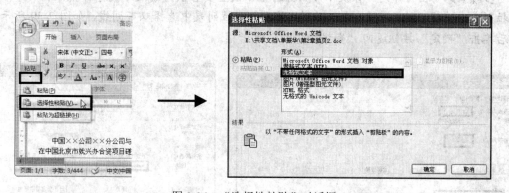

图 2-36　"选择性粘贴"对话框

4．更改剪切、复制和粘贴操作时系统的相关设置

利用"Word 选项"对话框，我们可以更改剪切、复制和粘贴操作时系统的相关属性，具体操作如下。

单击"Office 按钮"，在展开的菜单列表中单击"Word 选项"按钮，打开"Word 选项"对话框，选择该对话框左侧的"高级"按钮，在其右侧的"剪切、复制和粘贴"组中即可对剪切、复制和粘贴时系统的相关属性进行设置，如图 2-37 所示。

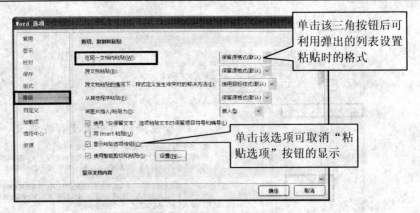

图 2-37 "Word 选项"对话框

5．利用替换命令快速更改文本格式

利用替换命令，可快速地更改文档中特定文本的格式，其操作方法如下。

步骤 1▶ 单击"开始"选项卡"编辑"组中的"替换"按钮。

步骤 2▶ 在打开的"查找和替换"对话框的"查找内容"编辑框中输入要更改格式的文本，如"会议"，在"替换为"编辑框中输入要替换为的内容，如"会谈"。

步骤 3▶ 单击"更多"按钮，在"查找和替换"对话框的展开部分中单击"格式"按钮，然后在展开的列表中选择"字体"项，如图 2-38 所示。

步骤 4▶ 在打开的"替换字体"对话框中设置要替换为的文本的字体，如在"字形"下拉列表中选择"加粗"项，在"下划线线型"下拉列表中选择双下划线，如图 2-39 所示，然后单击"确定"按钮返回"查找和替换"对话框。

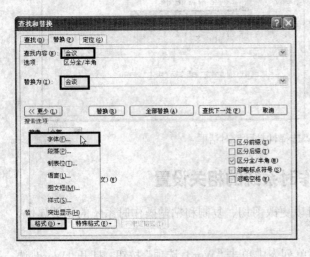

图 2-38 "查找和替换"对话框

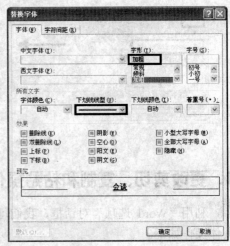

图 2-39 "替换字体"对话框

步骤 5▶ 单击"全部替换"按钮，则文档中的"会议"都将被替换为加粗并标有双下划线的"会谈"，如图 2-40 右图所示。

图 2-40　替换并更改文本格式

6. 快速删除文档中多余的空行

将在网页中复制的内容粘贴到文档中时，文档中经常会有多余的空行，我们可以利用"替换"命令快速地将其删除，具体操作如下。

步骤 1▶　单击"开始"选项卡"编辑"组中的"替换"按钮。

步骤 2▶　在打开的"查找和替换"对话框中单击"更多"按钮，单击该对话框展开部分中的"特殊格式"按钮，在展开的列表中选择"段落标记"项，如图 2-41 左图所示，再次单击"特殊格式"按钮并在展开的列表中选择"段落标记"项，表示查找两个相连的段落标记。

步骤 3▶　单击"替换为"编辑框，然后单击"特殊格式"按钮，在展开的列表中选择"段落标记"项，表示将查找到的内容替换为一个段落标记，如图 2-41 右图所示。

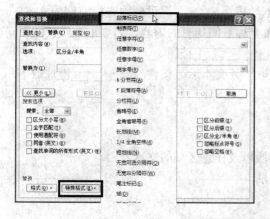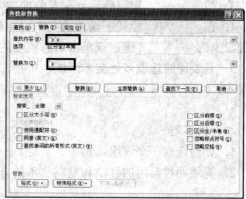

图 2-41　设置要替换的对象和替换为的对象

步骤 4▶　单击"全部替换"按钮完成替换，效果如图 2-42 右图所示。

图 2-42　删除文档中的空行

本章小结

本章主要介绍了文本的输入与编辑操作，主要包括输入、增补、删除和改写文本，选取文本，移动与复制文本，查找和替换为本，以及操作的撤销和恢复。其中，文本内容的选择方法读者应熟练掌握，这是因为在对文本内容进行操作前，均需选择要进行操作的文本内容。另外，文本内容的增、删、改，以及移动与复制操作也是文本编辑时常用的一些操作，熟练掌握这些操作方法会大大提高文档编辑的效率。

思考与练习

一、填空题

1. 利用_____选项卡上_____或_____组中的_____按钮，可在文档中插入特殊符号。

2. 利用"插入"选项卡"文本"组中的_____按钮，可在文档中插入当前的日期和时间。

3. 按_____键可删除光标左侧的文本，按_____键可删除光标右侧的文本。

4. 在_____模式下输入的文本将覆盖光标右侧现有的内容，若要取消该模式，可按键盘上的_____键，或单击状态栏中的_____按钮。

5. 若要同时选取多处文本区域，可在选取一处文本后，按住_____键选取下一处文本。

二、问答题

1. 如何选取一个词组、句子、一行、一段以及任意区域的文本？
2. 简述两种常用的移动和复制文本的方法。

三、操作题

打开本书提供的素材文件"素材与实例">"素材">"第 2 章">"练习.docx"，如图 2-43 所示，利用该素材练习选取文本、移动与复制文本以及查找和替换文本等操作。

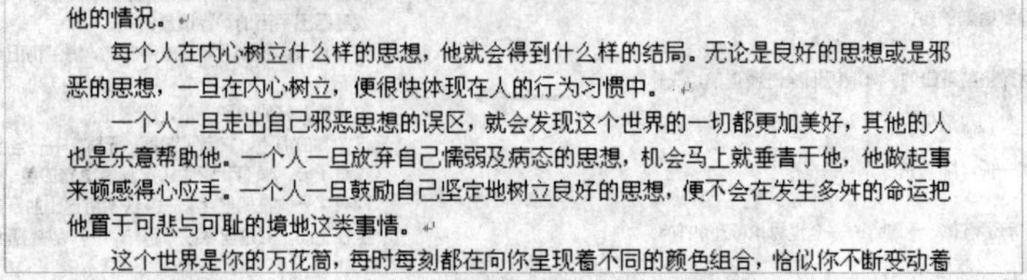

思想的列车执着的前进，无论它是好的或是坏的，都能塑造出相应的品质与境况。人不能直接去选择他的情况，但他可以去选择他的思想。因此，他们间接地、但却肯定地塑造着他的情况。

每个人在内心树立什么样的思想，他就会得到什么样的结局。无论是良好的思想或是邪恶的思想，一旦在内心树立，便很快体现在人的行为习惯中。

一个人一旦走出自己邪恶思想的误区，就会发现这个世界的一切都更加美好，其他的人也是乐意帮助他。一个人一旦放弃自己懦弱及病态的思想，机会马上就垂青于他，他做起事来顿感称心应手。一个人一旦鼓励自己坚定地树立良好的思想，便不会在发生多舛的命运把他置于可悲与可耻的境地这类事情。

这个世界是你的万花筒，每时每刻都在向你呈现着不同的颜色组合，恰似你不断变动着

图 2-43 示例文字

第 3 章　格式编排与打印输出

【本章导读】

　　文档内容输入完毕后，我们可以为其设置字符格式和段落格式，从而便于读者阅读和理解文档的内容，也使版面看起来更美观，在需要时，我们还可将编排好的文档打印输出。本章我们就来学习与之相关的内容。

【本章内容提要】

- ☞ 设置字符格式
- ☞ 设置段落格式
- ☞ 设置边框和底纹
- ☞ 页面的基本设置
- ☞ 预览和打印

3.1　设置字符格式——制作证明信

　　默认情况下，在 Word 文档中输入的文本为宋体、五号字。在实际工作中，我们可以根据需要灵活设置字符格式。下面以制作图 3-1 所示的证明信为例，介绍设置字符格式的方法，实例的最终效果参见本书配套素材"素材与实例">"实例效果">"第 3 章">"证明信最终效果.docx"。

实 习 证 明

　　兹有技师学校刘传民同学于 **2009 年 3 月 1 日**至 **2009 年 6 月 30**
日在我单位进行实习。

　　实习期间，我单位指导其进行了相关的业务知识学习和实际操作
训练，刘传民同学已经具备了相关的专业技能和业务知识。

　　特此证明。

常德机械厂（盖章）

2009 年 7 月 1 日

图 3-1　实例效果

实训 1　设置字体、字号、字符颜色以及加粗字体

【实训目的】

● 　掌握设置字体、字号、字符颜色以及字形的方法。

【操作步骤】

步骤 1▶　打开本书提供的素材文件"素材与实例">"素材">"第 3 章">"证明信.docx"。
要设置字符的格式，可选取要进行设置的文本。例如，选取标题文本"实习证明"。

步骤 2▶　单击"开始"选项卡"字体"组中"字体"按钮右侧的三角按钮，在展开
的列表中选择一种字体，如"楷体_GB2312"，单击"字号"按钮右侧的三角按钮，在展开
的列表中选择一种字号，如"一号"，如图 3-2 所示。

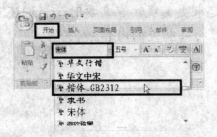

图 3-2　设置标题文本的字体和字号

　　在 Word 中字号的表示方法有两种：一种以"号"为单位，例如，初号、一号、二
号……，数值越大，字号就越小；另一种以"磅"为单位，例如，6.5、10、10.5 等，数
值越大，字号也越大。

步骤 3▶　单击"字体"组中的"加粗"按钮 **B**，加粗标题文本，单击"字体颜色"
按钮 **A** 右侧的三角按钮，在展开的列表中选择"标准色">"红色"菜单项，如图 3-3 所

示，将标题文本设置为红色。设置字符格式后的标题文本效果如图 3-4 所示。

此外，利用该组中的"倾斜"、"下划线"等按钮，可以对文字的字形等进行设置。

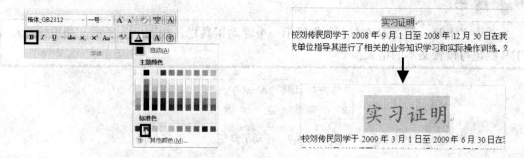

图 3-3　设置标题文本的颜色　　　　　　　　图 3-4　设置后的效果

步骤 4▶　选取除标题外的其他文本，单击"开始"选项卡"字体"组右下角的对话框启动器按钮，打开"字体"对话框，在"中文字体"下拉列表中选择"楷体_GB2312"项，在"西文字体"下拉列表中选择"Stencil"项，在"字号"列表中选择"四号"项，如图 3-5 所示。

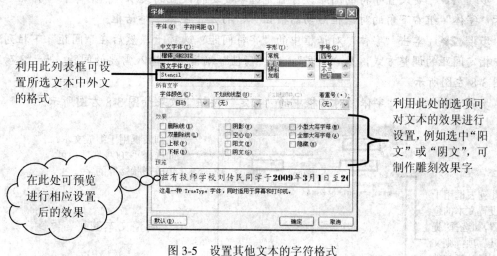

图 3-5　设置其他文本的字符格式

步骤 5▶　设置完毕，单击"确定"按钮，效果如图 3-6 所示。

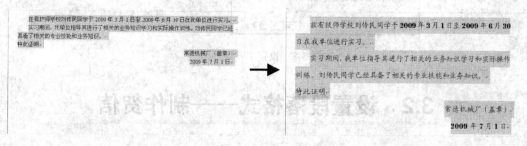

图 3-6　设置字符格式后的效果

提示

选中文本时，在文本的右上角将显示一个浮动工具栏，如图 3-7 所示，利用该浮动工具栏也可设置文本的格式。

图 3-7　浮动工具栏

实训 2　设置字符间距

【实训目的】

● 掌握设置字符间距的方法。

【操作步骤】

步骤 1▶ 要设置字符的间距，可首先选取要进行设置的文本，然后单击"开始"选项卡"字体"组右下角的对话框启动器按钮，打开"字体"对话框。

步骤 2▶ 单击"字体"对话框中的"字符间距"选项卡，然后在"间距"下拉列表框中指定间距的调整方式，如"加宽"，在"磅值"编辑框中输入需要的间距，如"3 磅"，如图 3-8 左图所示。

步骤 3▶ 单击"字体"对话框中的"确定"按钮，效果如图 3-8 右图所示。

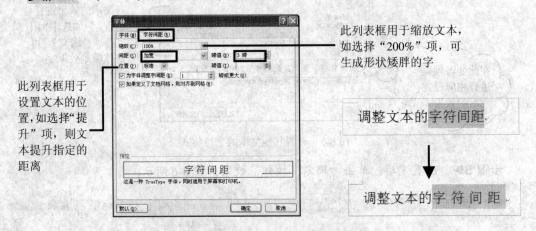

此列表框用于缩放文本，如选择"200%"项，可生成形状矮胖的字

此列表框用于设置文本的位置，如选择"提升"项，则文本提升指定的距离

图 3-8　设置字符间距

3.2　设置段落格式——制作贺信

设置段落的格式主要包括设置段落的对齐方式、缩进方式、段落间距以及行距等。下

面我们以制作图 3-9 所示的贺信为例，介绍设置段落格式的方法。实例的最终效果参见本书配套素材"素材与实例">"实例效果">"第 3 章">"贺信最终效果.docx"。

中国××集团公司贺信

东北××大学：

　　值此东北××大学 60 周年庆典之际，谨向贵校党政领导班子以及全校师生员工表示热烈的祝贺并致以亲切问候！

　　60 年来，贵校坚持秉承"勤奋、严谨、求实、创新"的优良校风，突出"一实两创"人才培养特色，扎实推进内涵建设，努力提升学校核心竞争力，积极开展对外交流与合作，成为了一所以工科为主、理、工、文、管、法、经、教育等学科门类协调发展的综合性大学，为国家培养了一大批栋梁之材，取得了大量高水平的科研成果，为国家经济建设做出了重要贡献。

　　我公司成立以来与贵校建立了良好的合作关系，多年来，贵校为我公司输送了众多品学兼优的毕业生，这些优秀人才充分发扬贵校优良的作风和敬业精神，为我公司的持续健康发展建言献策，扎实工作，在各自的岗位上做出了突出成绩。我公司对于贵校一直以来给予的支持和帮助表示诚挚的谢意。

　　经过六年的风雨历程，贵校理风文乐、激浊扬清，学科建设水平不断提高，教学科研各件日臻完善，我们相信，此次校庆将是东北××大学实现新跨越的起点，必将成为学校建设和发展的新契机。

　　祝愿贵校与我公司进一步增进友谊，加强合作，优势互补，携手共创美好未来！

中国××集团公司

二零零九年九月二十一日

图 3-9　实例效果

实训 3　设置段落的对齐方式

段落的对齐方式有 5 种，分别是：左对齐、居中对齐、右对齐、两端对齐和分散对齐，默认情况下，输入的文本段落呈两端对齐。在创建文档时，我们可以通过相应的操作来设置需要的对齐方式，下面我们就来学习如何设置段落的对齐方式。

【实训目的】

● 掌握设置段落对齐方式的方法。

【操作步骤】

步骤 1▶ 打开本书提供的素材文件"素材与实例">"素材">"第 3 章">"贺信.docx"。要改变段落的对齐方式，可将光标置于要设置对齐的段落中。例如，将光标插入到标题文本行中，如图 3-10 所示，或选取需要设置段落对齐方式的多个段落。

中国××集团公司贺信

东北××大学：
值此东北××大学 60 周年庆典之际，谨向贵校党政领导班子以及全校师生员工表示热烈的祝

图 3-10　将光标插入到要设置对齐的段落中

步骤 2▶ 单击"开始"选项卡"段落"组中的对齐方式按钮，如"居中"按钮，如图 3-11 左图所示，将标题文本居中，效果如图 3-11 右图所示。

步骤 3▶ 选取贺信的最后两个段落，如图 3-12 左图所示，然后单击"段落"组中的"文本右对齐"按钮，如图 3-12 中图所示，将这两段文本右对齐，效果如图 3-12 右图所示。

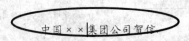

图 3-11　将标题居中对齐

图 3-12　将多段文本右对齐

实训 4　设置段落的缩进方式

段落缩进是指段落相对左右页边距向页内缩进一段距离。段落缩进方式包括左缩进、右缩进、首行缩进和悬挂缩进等，其中：

● **左（右）缩进**：整个段落中所有行的左（右）边界向右（左）缩进。
● **首行缩进**：段落的首行文字相对于其他行向内缩进。
● **悬挂缩进**：段落中除首行外的所有行向内缩进。

下面我们就来学习设置段落缩进方式的方法。

【实训目的】
● 掌握设置段落缩进方式的方法。

【操作步骤】

步骤 1▶ 要精确设置段落的缩进，可将光标置于要设置缩进的段落中，或选取需要设置缩进的多个段落，如图 3-13 左图所示。

步骤 2▶ 单击"开始"选项卡"段落"组右下角的对话框启动器按钮，如图 3-13 右图所示。

图 3-13　选取多个段落并单击对话框启动器按钮

步骤 3▶　在打开的"段落"对话框的"缩进"栏中设置缩进方式，例如，在"特殊格式"下拉列表框中选择"首行缩进"项（默认"磅值"为"2字符"，即首行缩进两个字符），如图 3-14 左图所示，然后单击"确定"按钮，效果如图 3-14 右图所示。

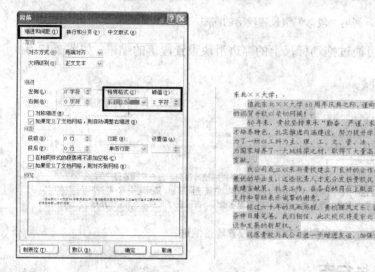

图 3-14　将所选的段落设置为首行缩进 2 个字符

步骤 4▶　将光标插入到要设置缩进的段落中，如图 3-15 左图所示，打开"段落"对话框后，在"缩进"栏的"右侧"编辑框中输入"2字符"，如图 3-15 中图所示，然后单击"确定"按钮，为当前段落设置右缩进 2 个字符，效果如图 3-15 右图所示。

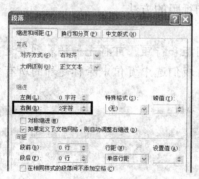

图 3-15　为段落设置右缩进

知识库

> 　　每单击一次"开始"选项卡"段落"组中的"减少缩进量"按钮 或"增加缩进量"按钮 ，可使所选段落的左缩进减少或增加一个汉字的缩进量，如图 3-16 左图所示。
> 　　另外，在"页面布局"选项卡"段落"组的"缩进"设置区中，也可设置段落的左缩进和右缩进，如图 3-16 右图所示。

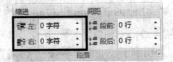

图 3-16　利用"段落"组设置段落的左右缩进量

除了上述方法外，我们还可通过拖动标尺上的缩进滑块设置段落的缩进，如图 3-17 所示。

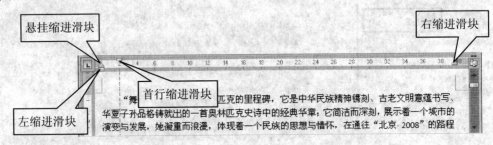

图 3-17　利用标尺上的滑块设置段落缩进

实训 5　设置段落间距与行距

段落间距即相邻两个段落之间的距离，行距即行与行之间的距离。在实际操作中我们可根据需要来调整文本的段落间距和行距。

【实训目的】

● 掌握设置段落间距和行距的方法。

【操作步骤】

步骤 1▶　要设置段落间距和行距，可将光标插入到要进行设置的段落中，或选中多个要进行设置的段落，例如，我们选中贺信中除标题外的所有文本，如图 3-18 所示。

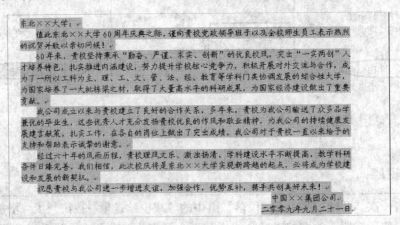

图 3-18　选取多个段落

步骤 2▶　单击"开始"选项卡"段落"组中的对话框启动器按钮，在打开的"段落"对话框"间距"栏的"段前"和"段后"编辑框中设置段间距。例如，都输入"0.5

行”，如图 3-19 左图所示。

步骤 3▶　单击"行距"下拉列表框右侧的三角按钮，在展开的列表中选择行距类型，如"1.5 倍行距"，如图 3-19 左图所示。

步骤 4▶　单击"确定"按钮，完成段落间距和行距的设置，效果如图 3-19 右图所示。

图 3-19　设置段落间距和行距

提　示

默认情况下 Word 中文本的行距为单倍行距，当文本的字体和字号发生变化时，Word 会自动调整行距。

若将文本行距类型设置为"固定值"，则增大文本字号时，行距依然保持不变，这样可能会使文本显示不完整，此时可适当增加"设置值"使其完整显示。

知识库

我们也可在"页面设置"选项卡"段落"组中"间距"设置区的"段前"和"段后"编辑框中设置段间距，如图 3-20 左图所示。

单击"开始"选项卡"段落"组中的"行距"按钮，可在展开的列表中选择行距类型，设置行距，如图 3-20 右图所示。

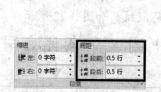

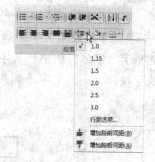

图 3-20　其他设置段落间距和行距的方法

3.3 设置边框和底纹——美化贺信

在编辑文档的过程中，有时为了强调和美化文档内容可以为文本、段落或整个页面添加边框和底纹。本节将以美化贺信为例介绍设置边框和底纹的方法，最终效果如图 3-21 所示，详情请参见本书配套素材"素材与实例" > "实例效果" > "第 3 章" > "美化贺信最终效果.docx"。

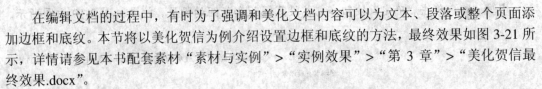

图 3-21 实例效果

实训 6 为文字、段落添加边框和底纹

【实训目的】

● 掌握为文字或段落添加边框和底纹的方法。

【操作步骤】

步骤 1▶ 打开本书配套素材"素材与实例" > "实例效果" > "第 3 章" > "贺信最终效果.docx"。若要简单的设置文字的边框和底纹，可首先选中要进行设置的文字，然后单击"开始"选项卡"字体"组中的"字符边框"按钮 A 为文字添加单线边框，单击该组中的"字符底纹"按钮 A，为文字添加系统默认的灰色底纹，如图 3-22 所示。

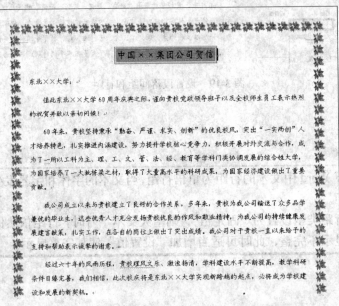

图 3-22 为文字设置简单的边框和底纹

若要对边框和底纹进行更为复杂的设置，可通过"边框和底纹"对话框来实现，具体操作步骤如下。

步骤 2▶　选取要设置边框和底纹的文字，例如选取标题文本"中国××集团公司贺信"，然后单击"开始"选项卡"段落"组中"边框"按钮右侧的三角按钮，在展开的列表中选择"边框和底纹"项，如图 3-23 所示。

步骤 3▶　在"边框"选项卡下设置文字的边框，例如将边框类型设置为"三维"，"样式"为"三线"、颜色为"红色"，"宽度"为"1.5 磅"，如图 3-24 所示。

图 3-23　选择"边框和底纹"项

图 3-24　设置文字的边框

步骤 4▶　单击"边框和底纹"对话框中的"底纹"选项卡，然后单击"填充"编辑框右侧的三角按钮，在展开的列表中选择"浅蓝色"，如图 3-25 所示，将文字的底纹设置为浅蓝色。

步骤 5▶　单击"确定"按钮，完成文字边框和底纹的设置，效果如图 3-26 所示。

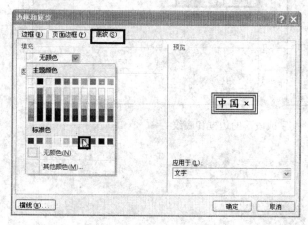

图 3-25　设置文字的底纹

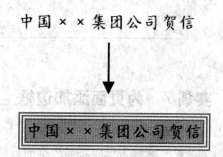

图 3-26　设置文字的边框和底纹后的效果

设置边框和底纹时，如果在"边框和底纹"对话框的"应用于"下拉列表中选择"段落"项，可为插入符所在段落添加边框和底纹，效果如图 3-27 所示。

值此东北××大学 60 周年庆典之际，谨向贵校党政领导班子以及全校师生员工表示热烈的祝贺并致以亲切问候！

60 年来，贵校坚持秉承"勤奋、严谨、求实、创新"的优良校风，突出"一实两创"人

值此东北××大学 60 周年庆典之际，谨向贵校党政领导班子以及全校师生员工表示热烈的祝贺并致以亲切问候！

60 年来，贵校坚持秉承"勤奋、严谨、求实、创新"的优良校风，突出"一实两创"人

图 3-27　为段落添加边框和底纹

利用"开始"选项卡"段落"组中的"底纹"按钮，也可为文字或段落添加底纹。

取消文字或段落的边框和底纹的方法是：选中要取消边框和底纹的文字或段落，然后在"边框和底纹"对话框的"边框"选项卡中将边框设置为"无"，在"底纹"选项卡中将"填充"设置为"无颜色"，将样式设置为"清除"即可，如图 3-28 所示。

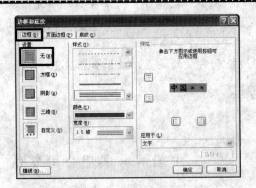
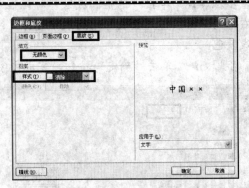

图 3-28　取消文字或段落的边框和底纹

实训 7　为页面添加边框

【实训目的】

● 掌握为页面添加边框的方法。

【操作步骤】

步骤 1▶ 若要为文档的页面设置边框，可单击"页面布局"选项卡"页面背景"组中的"页面边框"按钮，如图 3-29 左图所示。

步骤 2▶ 在打开的"边框和底纹"对话框中选择一种边框，然后设置边框的样式。例如，为页面设置艺术型边框，并将边框的宽度设置为 20，如图 3-29 右图所示。

步骤 3▶ 单击"边框和底纹"对话框中的"确定"按钮，则效果如图 3-21 所示。

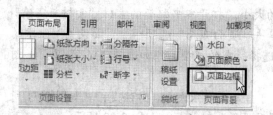
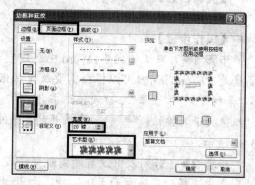

图 3-29　设置页面边框

提示

通常情况下，在文档中添加的页面边框会应用于整篇文档。若要在一个文档中应用不同的页面边框，我们可对文档内容分节，然后在"边框和底纹"对话框的"应用于"下拉列表中选择页面边框应用的范围。关于文档分节的内容，我们会在后面的章节中具体介绍。

3.4　页面的基本设置——制作荣誉证书

新建文档时，Word 对纸张大小、方向和页边距等页面参数进行了默认设置。我们也可以根据自己的需要随时进行更改。下面我们通过制作图 3-30 所示的荣誉证书来学习有关页面设置的知识，实例的最终效果参见本书配套素材"素材与实例" > "实例效果" > "第 3章" > "荣誉证书最终效果.docx"。

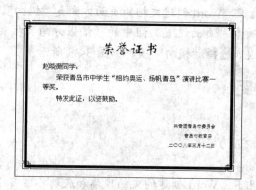

图 3-30　荣誉证书效果

实训 8　设置纸张的大小和方向

【实训目的】

● 　掌握设置纸张大小和方向的方法。

【操作步骤】

步骤 1▶ 　默认情况下，Word 中新建空白文档的纸型是标准的 A4 纸，其宽度是 21cm，高度是 29.7cm，用户可以根据需要改变纸张的大小。打开本书配套的素材"素材与实例" > "素材" > "第 5 章" > "荣誉证书.docx"，单击"页面布局"选项卡"页面设置"组中的"纸张大小"按钮 ，在展开的列表中选择所需的纸型，例如选择"16K"项，如图 3-31 所示。

步骤 2▶ 　若列表中没有所需纸型，我们可自定义纸张大小，方法是：在如图 3-31 所的列表中选择"其他页面大小"项，打开"页面设置"对话框，如图 3-32 所示。

步骤 3▶ 　在"纸张大小"下拉列表中选择一种纸型，或者直接在"宽度"和"高度"编辑框中输入数值并单击"确定"按钮即可。

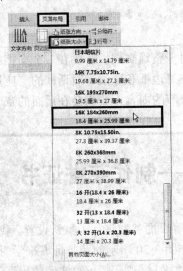
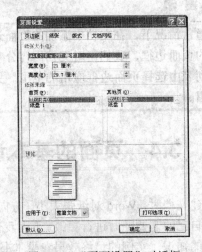

图 3-31　"纸张大小"列表　　　　　图 3-32　"页面设置"对话框

步骤 4▶ 　默认情况下，Word 创建文档的页面方向是"纵向"，若要更改纸张的方向，可单击"页面布局"选项卡"页面设置"组中的"纸张方向"按钮 ，在展开的列表中选择纸张的方向，例如选择"横向"项，如图 3-33 所示。

实训 9　设置页边距

【实训目的】

● 　掌握设置页边距的方法。

【操作步骤】

步骤 1▶ 　默认情况下，Word 创建的文档顶端和底端各留有 2.54cm 的页边距，两侧各留有 3.17cm 的页边距。若要更改页边距，可单击"页面布局"选项卡"页面设置"组中的"页边距"按钮，如图 3-34 左图所示，在展开的列表中选择一种页边距样式。

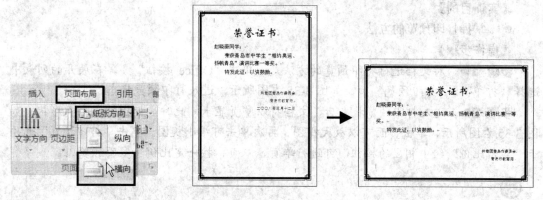

图 3-33 更改纸张方向

步骤 2▶ 若要自定义页边距，可在如图 3-34 左图所示的列表中选择"自定义边距"项，打开"页面设置"对话框。

步骤 3▶ 在"页边距"设置区中设置页边距参数，例如在"上"、"下"、"左"、"右"编辑框中分别输入 2.5、2.5、3、3，如图 3-34 右图所示，然后单击"确定"按钮。

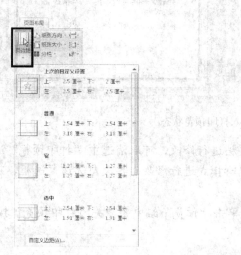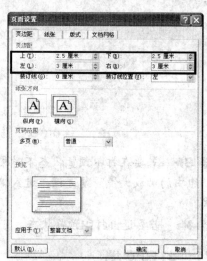

图 3-34 设置页边距

3.5 预览和打印——打印输出荣誉证书

文档编辑完成，便可以将其打印出来。为防止出错，在打印文档之前，一般都会先预览一下打印效果，以便及时改正，节省资源。本节我们将介绍打印预览和打印文档的方法。

实训 10　打印预览

【实训目的】
● 掌握打印预览的方法。

【操作步骤】

步骤 1▶　对文档进行打印预览的方法是：单击"Office 按钮" ，在展开的列表中选择"打印">"打印预览"项，如图 3-35 左图所示，进入打印预览状态。

步骤 2▶　进入打印预览状态后，文档将以整页显示，此时鼠标指针变为 形状，如图 3-35 右图所示，单击页面可以放大视图，再次单击可缩小视图。单击"打印预览"选项卡"显示比例"组中相应的按钮，可进行单页、双页、按一定比例和多页预览。

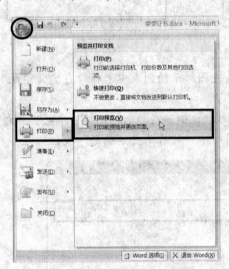

图 3-35　进入打印预览状态

步骤 3▶　若要在打印预览状态下对文档进行修改，可取消选中"打印预览"选项卡"预览"组中的"放大镜"复选框，进入编辑模式进行修改，再次勾选该复选框，可返回预览模式。

步骤 4▶　若要退出打印预览状态，可单击"预览"组中的"关闭打印预览"按钮 。

实训 11　打印文档

【实训目的】
● 掌握打印文档的方法。

【操作步骤】

步骤 1▶　要快速地打印一份文档，可单击"Office 按钮" ，在展开的列表中选择"打印">"快速打印"项，如图 3-36 所示。

步骤 2▶　如果要打印当前页或指定页，或要设置其他的打印选项，可单击"Office 按钮" ，在展开的列表中选择"打印"项，打开"打印"对话框。

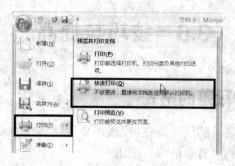

图 3-36　快速打印文档

步骤 3▶　在"名称"下拉列表框中选择所需的打印机，在"页面范围"栏中选择或设置打印的范围，然后单击"确定"按钮，即可按照设置打印文档，如图 3-37 所示。

下面介绍一下图 3-37 所示"打印"对话框中各设置区的作用。

- **"页面范围"设置区**：用于设置打印页面范围。其中"全部"单选钮表示打印文档中的所有页；"当前页"单选钮表示打印文档中光标所在的页；"页码范围"单选钮表示打印右侧编辑框中指定的页，例如在其右侧的编辑框中输入"1，5-7"，表示打印文档的第 1、5、6、7 页，需要注意的是要在英文输入法状态下设置页码范围才有效。
- **"副本"设置区**：在该设置区的"份数"编辑框中输入要打印的份数，可将文档打印多份，如果要一份一份地打印文档，可选中该设置区中的"逐份打印"复选框。
- **"缩放"设置区**：可在该设置区中设置缩放方式，进行缩放打印。例如，在"按纸张大小缩放"下拉列表中选择"B5"项，可将文档缩放到 B5 纸上打印。

 **提 示**

若要取消正在打印的文档，可双击任务栏上的"打印机"图标，打开打印任务对话框，单击该对话框中的"打印机"＞"取消所有文档"菜单项，如图 3-38 所示，在随后打开的提示对话框中单击"是"按钮。

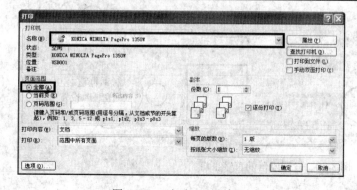

图 3-37　"打印"对话框

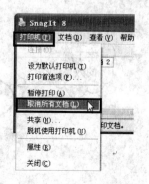

图 3-38　取消正在打印的文档

51

3.6 技巧与提高

1. 快速清除文字和段落的格式

若要快速清除文字和段落的格式设置，可选中要清除格式的文字或段落，然后单击"开始"选项卡"字体"组中的"清除格式"按钮。

2. 制作双行合一效果的文字

要制作双行合一效果的文字，可选中要合并为一行的文字，然后单击"开始"选项卡"段落"组中"中文版式"按钮右侧的三角按钮，在弹出的列表中选择"双行合一"选项，在弹出的"双行合一"对话框中单击"确定"按钮，如图 3-39 所示。

图 3-39 制作双行合一效果的文字

3. 设置首字下沉

首字下沉是将段落开头的第一个或若干个字母、文字变为大号字，并以下沉或悬挂方式显示，以达到醒目和美化版面的目的，设置首字下沉的方法如下。

将光标置于要设置首字下沉的段落中，然后单击"插入"选项卡"文本"组中的"首字下沉"按钮，在弹出的列表中选择一种下沉方式，例如选择"下沉"选项，即可为段落设置首行下沉效果，如图 3-40 所示。

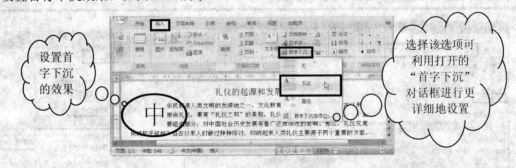

图 3-40 设置段落的首字下沉

4．改变文字的方向

单击"页面布局"选项卡"页面设置"组中的"文字方向"按钮，在展开的列表中选择一种文字排列方式，如"垂直"，即可将文字竖直放置，如图 3-41 所示，若单击列表中的"文字方向选项"项，则可在打开的如图 3-42 所示的"文字方向—主文档"对话框中进行更详细的设置。

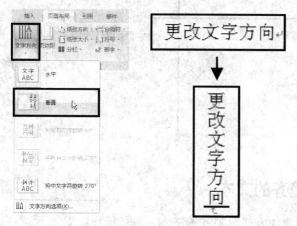

图 3-41　更改文字方向

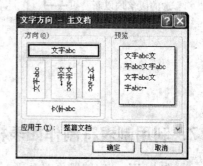

图 3-42　"文字方向—主文档"对话框

5．制作纵横混排的段落

将段落中的文字设置为竖排时，竖排的数字和英文等会造成阅读困难，此时可将这些内容改为横排，形成纵横混排的特殊格式，方法如下。

选中需要调整的内容，然后单击"开始"选项卡"段落"组中"中文版式"按钮右侧的三角按钮，在弹出的列表中选择"纵横混排"项即可，如图 3-43 所示。

图 3-43　制作纵横混排的段落

6．段落内避免分页

为了避免一个段落放在两页显示，造成阅读不便，我们可以通过相应的设置让 Word

自动调整段落分布，具体方法如下。

选取不允许分页的段落，然后单击"开始"选项卡"段落"组右下角的对话框启动器按钮，在打开的"段落"对话框中单击"换行和分页"选项卡，在该选项卡下勾选对话框中的"段中不分页"复选框，如图 3-44 所示，单击"确定"按钮即可。

勾选此复选框可避免所选的段落在下一页出现孤行

利用该复选框可避免标题和段落分散在不同的页面中

勾选此复选框可让所选的段落均以新一页为起始

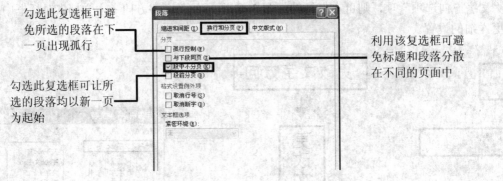

图 3-44 避免段内分页

7. 利用制表符制作如表格般整齐的文本

利用 Word 中的制表符功能，可以创建如表格般整齐的文本，具体操作步骤如下。

步骤 1▶ 反复单击"水平标尺"最左侧的按钮，选取制表符的种类，然后移动鼠标，在水平标尺上需要设置制表符的位置单击插入制表符，用同样的方法在其他位置插入需要的制表符。

步骤 2▶ 按下 Tab 键将光标定位至第一个制表符所在的位置，并输入文本，然后按下 Tab 键定位至下一个制表符所在的位置，并输入文本，依次操作即可制作出整齐的文本，如图 3-45 所示。

单击该按钮可选取制表符的种类

插入的左对齐式制表符

插入的右对齐式制表符

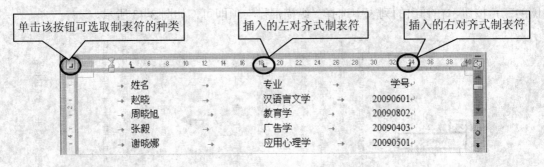

图 3-45 利用制表符制作整齐的文本

8. 为页面添加文字水印

为文档的页面添加文字水印也是经常用到的一种美化文档的方法，方法是：单击"页面布局"选项卡"页面背景"组中的"水印"按钮，在弹出的列表中选择一种水印的模板即可，如"机密 1"，如图 3-46 所示。

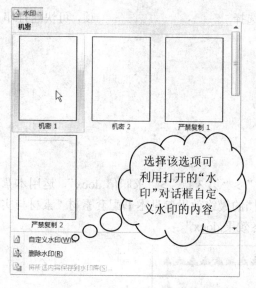

图 3-46 为页面添加文字水印

本章小结

本章介绍了设置字符格式、段落格式、边框和底纹、页面设置以及打印输出文档这 5 个方面的知识。其中,文档的字符、段落格式设置方法属于最基本的格式设置,读者应牢固掌握;文档的页面设置直接影响文档的版面和打印输出的效果;设置文档的打印方式会大大提高文档输出的效率,所以这些也是需读者重点学习的内容。

到目前为止,通过前面几个章节的学习,我们应该能够制作具有简单格式的 Word 文档,并将其打印输出。在后面的章节中我们将进一步介绍 Word 2007 的其他功能和命令。

思考与练习

一、填空题

1. Word 中字号的表示方法有两种,一种以"号"为单位,数值越大,字号越_____;另一种是以"磅"为单位,数值越大,字号越_____。

2. 段落的对齐方式有五种,分别是:_____、_____、_____、_____和_____。

3. 段落的缩进方式包括_____、_____、_____和_____等,其中,_____缩进是将段落的首行文字相对于其他行向内缩进,_____缩进是将段落中除首行外的所有行向内缩进。

4. 默认情况下 Word 中的纸型是_____。

5. 若要退出打印预览状态可单击"打印预览"组"预览"选项卡中的_____按钮。

6. 单击_____按钮，在展开的列表中选择_____项，可快速打印一份文档。

二、问答题

1. 简述设置段落缩进方式的方法。
2. 如何打印文档中指定的某一页？

三、操作题

打开本书提供素材"素材与实例">"素材">"第3章">"求职信.docx"，运用本章所学的知识，制作如图 3-47 所示的求职信，文档的最终效果参见本书配套素材"素材与实例">"实例效果">"第3章">"求职信最终效果.docx"。

图 3-47 实例效果

提示:

（1）设置字符格式：将标题文字的字符格式设置为"宋体"、"三号"、"黑体"，将其他文本的字符格式设置为"宋体"、"小四"号字。

（2）设置段落格式：将标题文本设置为居中对齐，姓名和日期设置为右对齐；将第3~7段设置为首行缩进2个字符，将第9段设置为右缩进4个字符；将全文的行距设置为"1.5倍行距"，将第2~8段的段落间距设置为"1行"。

（3）将页面上、下、左、右的页边距分别设置为 2.5cm、2.5cm、3cm、3cm。

（4）为页面添加艺术边框。

第4章 文档的高级格式设置

【本章导读】

在上一章中我们学习了如何为文档设置基本的格式，在这一章我们将学习文档的高级格式设置，包括为文档中的段落内容设置项目符号和编号，为文档设置样式并使用样式迅速地统一文档格式，以及为文档设置分页、分节、分栏和设置页眉、页脚与页码。

【本章内容提要】

- 设置项目符号和编号
- 设置样式
- 高级页面设置

4.1 设置项目符号和编号——制作物资采购招标书

为文档内容添加必要的项目符号和编号，可以准确地表达各部分内容之间的并列关系、从属关系以及顺序关系等。本节，我们将以制作图 4-1 所示的物资采购招标书为例，介绍如何为段落设置项目符号和编号，实例最终效果见本书提供的文件"素材与实例" > "实例效果" > "第 4 章" > "制作物资采购招标书（设置项目符号和编号）.docx"。

实训 1 为段落内容添加项目符号

【实训目的】

- 掌握为段落内容添加项目符号的方法。

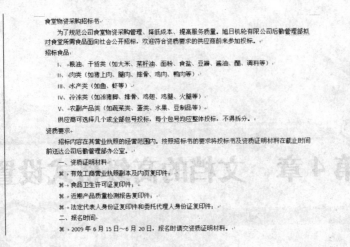

图 4-1　实例效果

【操作步骤】

步骤 1▶ 打开本书提供的素材文件"素材与实例">"素材">"第 4 章">"物资采购招标书.doc"。要为段落内容添加项目符号，首先选中要添加项目符号的几个段落，然后单击"开始"选项卡"段落"组中的"项目符号"按钮，如图 4-2 左图所示，可为段落添加系统默认的项目符号，如图 4-2 右图所示。

图 4-2　选取要添加项目符号的段落并为其添加项目符号

步骤 2▶ 单击"项目符号"按钮右侧的三角按钮，在展开的项目符号列表中选择一种项目符号，例如选择菱形符号，如图 4-3 左图所示，则效果如图 4-3 右图所示。

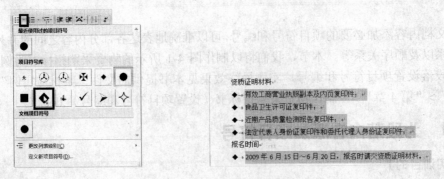

图 4-3　为所选的段落添加项目符号

如果我们对系统预设的项目符号不满意，还可以为文本和段落设置自定义的项目符号，具体操作步骤如下。

步骤 1▶ 选中要添加项目符号的段落，单击"项目符号"按钮 ≣▾ 右侧的三角按钮 ▾，在展开的项目符号列表中选择"定义新项目符号"项，如图 4-4 所示。

步骤 2▶ 在打开的"定义新项目符号"对话框中单击"符号"按钮，如图 4-5 所示，打开"符号"对话框，在该对话框中选择需要的符号作为项目符号，如图 4-6 所示，然后单击"确定"按钮，返回"定义新项目符号"对话框。

图 4-4　选取"定义新项目符号"项

图 4-5　单击"符号"按钮

步骤 3▶ 在"定义新项目符号"对话框的"对齐方式"下拉列表中选择对齐方式，如"左对齐"，最后单击"确定"按钮，即可添加自定义的项目符号，效果如图 4-7 所示。

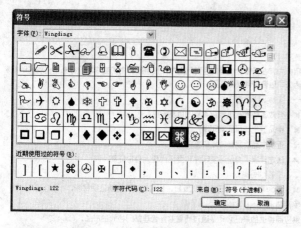

图 4-6　选取需要的符号

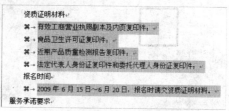

图 4-7　添加项目符号后的效果

·提 示·

　　利用"定义新项目符号"对话框中的"图片"按钮，可以为段落添加图片项目符号。

实训 2　为段落内容添加编号

【实训目的】

● 掌握为段落内容添加编号的方法。

【操作步骤】

步骤 1▶ 要为段落内容添加编号，首先应选中要添加编号的段落，然后单击"开始"选项卡上"段落"组中的"编号"按钮，如图 4-8 左图所示，即可为所选段落添加默认的编号，如图 4-8 右图所示。

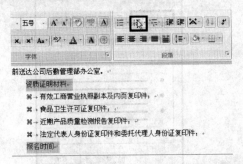

图 4-8　选中要添加编号的段落并为其添加编号

步骤 2▶ 单击"编号"按钮 右侧的三角按钮，在展开的编号样式列表中选择一种编号样式，如图 4-9 左图所示，添加编号后的效果如图 4-9 右图所示。

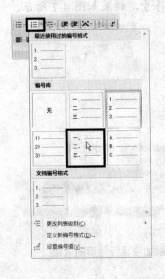
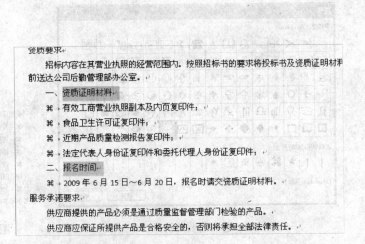

图 4-9　为段落添加编号

步骤 3▶ 若要为段落添加自定义的编号，可在选中要添加编号的段落后，单击编号样式列表中的"定义新编号格式"项，如图 4-10 所示，打开"定义新编号格式"对话框。

步骤 4▶ 在"编号样式"下拉列表中选择一种编号样式；在"对齐方式"下拉列表中选择一种对齐方式，在"预览"区中可预览效果，如图 4-11 所示。

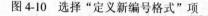

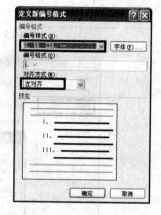

图 4-10　选择"定义新编号格式"项　　　　　图 4-11　定义编号样式

步骤 5▶　单击"确定"按钮，此时自定义的编号样式显示在编号样式列表中，选择该样式即可，如图 4-12 所示。

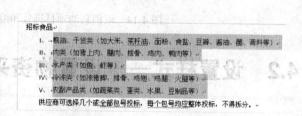

图 4-12　添加自定义编号

知识库

　　Word 具有为段落自动添加项目符号和编号的功能。即在编辑文档的过程中，若段落是以"●"等符号或"1."和"第一、"等字符开始，则在按下【Enter】键开始一个新的段落时，Word 会按上一个段落的项目符号或编号格式，自动为新的段落添加项目符号或编号。若连续按下【Enter】键可中断自动编号，如图 4-13 所示。

　　若不想使用自动编号功能，可将其取消。方法是：单击"Office 按钮"，在展开的列表中单击"Word 选项"按钮，在打开的"Word 选项"对话框中单击左侧的"校对"项，再单击右侧的"自动更正选项"按钮，打开"自动更正"对话框，在"键入时自动套用格式"选项卡中取消"自动项目符号列表"和"自动编号列表"复选框的选中状态，如图 4-14 所示。

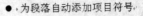

● → 为段落自动添加项目符号

● → 为段落自动添加项目符号

● →

图 4-13 自动添加项目符号和取消自动添加项目符号

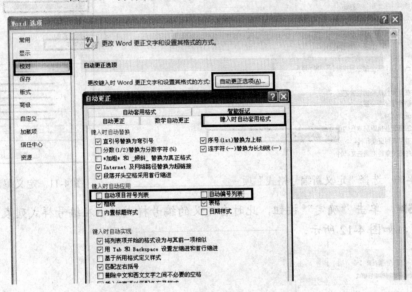

图 4-14 取消自动项目符号和编号功能

4.2 设置样式——设置物资采购招标书的样式

样式是一系列格式的集合，使用它我们可以快速地统一文档格式，以及方便地调整文档的格式，例如，要修改某级标题的格式，用户只需简单地修改样式，则所有采用该样式的标题格式将被自动修改。

在 Word 2007 中，样式有三类，一类是段落样式，一类是字符样式，还有一类是 Word 2007 新增的链接段落和字符样式。

● 字符样式只包含字符格式，如字体、字号、字形等，用来控制字符的外观。可以对一段文本应用段落样式，对其中的部分文字应用字符样式。

● 段落样式既可包含字符格式，也可包含段落格式，用来控制段落的外观。段落样式可以应用于一个或多个段落。

● 链接段落和字符样式，这类样式包含了字符格式和段落格式设置，它既可用于段落，也可用于选定字符。

单击"开始"选项卡上"样式"组右下角的对话框启动器按钮 ，打开"样式"任务窗格，如图 4-15 左图所示，样式名称后面带" **a** "符号的是字符样式，带" ↵ "符号的是段落样式，带" **↵a** "符号的是链接段落和字符样式。

要查看样式设置信息,只需将鼠标指针指向"样式"任务窗格中的样式名称上,在弹出的提示框中显示了该样式的相关信息,如图 4-15 右图所示。

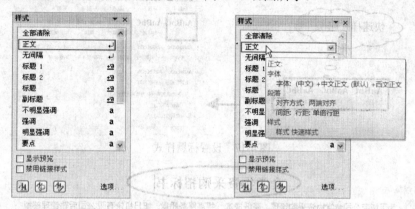

图 4-15 "样式"任务窗格

下面我们通过为添加项目符号和编号后的物资采购招标书设置样式,介绍应用系统内置样式,创建样式和将创建的样式应用于文档的方法。设置样式后的最终效果见本书提供的文件"素材与实例">"实例效果">"第 4 章">"设置物资采购招标书的样式最终效果.docx"。

实训 3 应用内置样式与自定义样式

【实训目的】
- 掌握应用内置样式的方法。
- 掌握自定义样式的方法。

【操作步骤】

步骤 1▶ 打开本书提供的文件"素材与实例">"实例效果">"第 4 章">"制作物资采购招标书(设置项目符号和编号).docx"。

步骤 2▶ 若要将系统内置的样式应用于文档中,可首先将光标定位到要设置样式的段落中,例如我们将光标插入到标题文本行中,如图 4-16 所示,或选中多个要应用样式的段落。

食堂物资采购招标书

为了规范公司食堂物资采购管理、降低成本、提高服务质量。旭日机轮有限公司后勤管理部拟对食堂所需食品面向社会公开招标,欢迎符合资质要求的供应商前来参加投标。

图 4-16 将光标插入到标题文本行中

步骤 3▶ 单击"开始"选项卡"样式"组中快速样式库右侧的"其他"按钮,如图 4-17 左图所示,打开样式列表。

步骤 4▶ 在样式列表中单击选择一种样式,例如我们选择"标题"项,如图 4-17 右图所示,则为标题设置样式后的效果如图 4-18 所示。

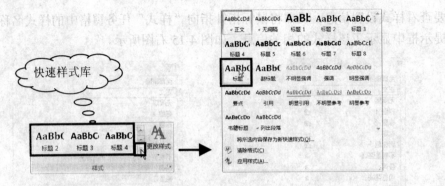

图 4-17 设置标题样式

食堂物资采购招标书

为了规范公司食堂物资采购管理、降低成本、提高服务质量。旭日机轮有限公司后勤管理部拟对食堂所需食品面向社会公开招标，欢迎符合资质要求的供应商前来参加投标。

图 4-18 设置标题样式后的效果

步骤 5▶ 选取多个段落，然后将这些段落的样式设置为"标题 7"，如图 4-19 所示。

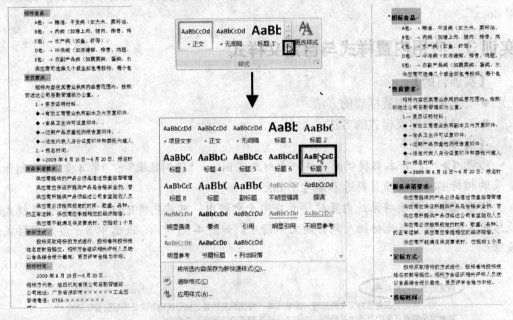

图 4-19 设置多段文本的样式

提示

若要选择更多的样式类型，可以单击样式列表底部的"应用样式"项，打开"应用样式"对话框，然后在"样式名"列表中选择一种样式，如图 4-20 所示。

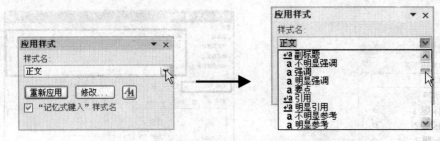

图 4-20 从"样式名"下拉列表中选择更多的样式类型

如果内置的样式不能满足实际工作中的需要，我们可自定义样式。下面我们为物资采购招标书创建一个"项目文字"样式为例介绍自定义样式的方法，具体操作步骤如下。

步骤 1▶ 将光标插入到要应用新建样式的段落中，如图 4-21 所示，或选中多个要应用新建样式的段落。

> ▪ 服务承诺要求
> 供应商提供的产品必须是通过质量监督管理部门检验的产品。
> 供应商应保证所提供产品是合格安全的，否则将承担全部法律责任。
> 供应商所提供产品须经过公司食堂验收人员的检验。

图 4-21 将光标插入到要应用新建样式的段落中

步骤 2▶ 单击"开始"选项卡"样式"组右下角的对话框启动器按钮，打开"样式"任务窗口，单击该窗口中的"新建样式"按钮，如图 4-22 所示，打开"根据格式设置创建样式"对话框。

步骤 3▶ 在"名称"编辑框中输入新样式的名称"项目文字"，在"样式类型"下拉列表中选择样式类型，如"段落"，在"样式基准"下拉列表中选择一个可以作为创建基准的样式，在"后续段落样式"下拉列表中设置应用该样式段落后面新建段的缺省样式，如"正文"，如图 4-23 所示。

.提 示.

> 若我们为当前新建的样式选择了基准样式，则对基准样式进行修改时，基于该样式创建的样式也将被修改。

步骤 4▶ 在"格式"设置区中设置样式的字符格式，例如将字体设置为"楷体_GB2312"，如图 4-23 所示。

步骤 5▶ 单击对话框左下角的"格式"按钮，在展开的列表中选择"段落"项，如图 4-23 所示，打开"段落"对话框，在该对话框中将段落设置为左缩进 2 个字符，如图 4-24 所示，单击"确定"按钮，返回"根据格式设置创建新样式"对话框。

步骤 6▶ 再次单击"格式"按钮，在展开的列表中选择"编号"项，在打开的"编号和项目符号"对话框中为段落设置项目符号，如图 4-25 所示。

图 4-22 "样式"任务窗口   图 4-23 "根据格式设置创建样式"对话框

步骤 7▶ 单击"确定"按钮，返回"根据格式设置创建新样式"对话框，在该对话框的预览框中可以看到新建样式的效果，其下方列出了该样式所包含的格式。

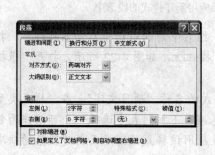

图 4-24 设置段落格式   图 4-25 为段落添加项目符号

步骤 8▶ 单击"确定"按钮关闭"根据格式设置创建新样式"对话框，"样式"任务窗格中显示了新创建的样式"项目文字"，如图 4-26 左图所示，该样式应用于当前的段落，如图 4-26 右图所示。

服务承诺要求
❖ 供应商提供的产品必须是通过质量监督管理部门检验的产品。
供应商应保证所提供产品是合格安全的，否则将承担全部法律责任。
供应商所提供产品须经过公司食堂验收人员的检验。

图 4-26 新建样式并将该样式应用于当前段落

提示

单击"样式"任务窗口下方的"样式检查器"按钮，在打开的"样式检查器"对话框中显示了文档当前应用的样式，单击"样式检查器"对话框中的"显示格式"按钮，在打开的任务窗口中显示了当前样式包含的具体格式，如图4-27所示。

图4-27 查看当前应用的样式与格式

步骤9▶ 应用自定义样式的方法与应用内置样式相同，实例效果如图4-28所示。

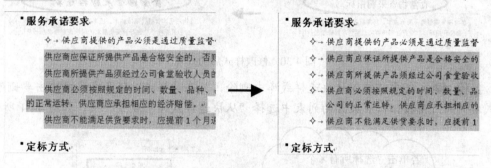

图4-28 将创建的样式应用于其他段落

实训4 修改与删除样式

如果内置或创建的样式不能满足要求，我们可以对此样式略加修改，还可将不需要的样式从库中删除。

【实训目的】
● 掌握修改与删除样式的方法。

【操作步骤】

步骤1▶ 若要修改样式，可在"样式"任务窗口中单击要修改的样式右侧的三角按钮，如单击"标题"右侧的三角按钮，在展开的列表中选择"修改"项，如图4-29左图所示。

步骤2▶ 在打开的"修改样式"对话框中对样式的相关内容进行修改，例如，在"格式"设置区中将字符格式设置为"华文行楷"、"小二"、"加粗"、"斜体"，如图4-29右图所示。

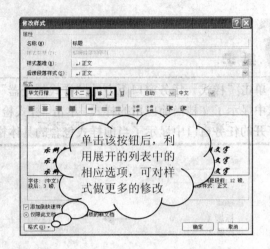

图 4-29 修改样式

步骤 3▶ 单击"确定"按钮完成该样式的修改，并且应用该样式的段落将自动更新，如图 4-30 所示。

图 4-30 修改样式后的效果

步骤 4▶ 若要将样式从快速样式库中删除，可在"样式"任务窗格中单击要删除的样式右侧的三角按钮，在展开的列表中选择"从快速样式库中删除"项，如图 4-31 所示。

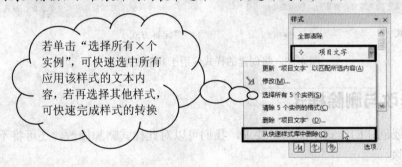

图 4-31 从快速样式库中删除样式

步骤 5▶ 若要将样式彻底删除，可单击"样式"任务窗格下方的"管理样式"按钮，如图 4-32 左图所示，打开"管理样式"对话框，在"选择要编辑的样式"列表中选择要删除的样式，如"项目文字"，然后单击"删除"按钮，如图 4-32 右图所示。

提示

我们只能删除自定义的样式，不能删除 Word 2007 内置的样式。

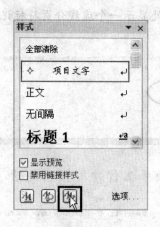

图 4-32　彻底删除样式

4.3　高级页面设置——编排杂志

本节将通过制作一个杂志页面来介绍文档中的分页、分节与分栏知识，以及如何为文档设置页眉、页脚和页码。实例最终效果见本书提供的文件"素材与实例">"实例效果">"第 4 章">"编排杂志最终效果.docx"。

实训 5　设置分页

通常情况下，用户在编辑文档时，系统会自动分页。如果要对文档进行强制分页，可通过插入分页符实现。

【实训目的】

● 掌握设置分页的方法。

【操作步骤】

步骤 1▶　打开本书提供的素材文件"素材与实例">"素材">"第 4 章">"杂志页面.docx"。

步骤 2▶　下面我们对文档进行分页，将第二篇文章安排到下一页中。首先将光标插入到要分页的位置，如第二篇文章标题的前面，如图 4-33 所示。

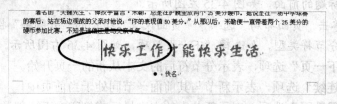

图 4-33　将光标插入到要分页的位置

步骤 3▶　单击"页面布局"选项卡"页面设置"组中的"分隔符"按钮，在展开的列表中选择"分页符"项，如图 4-34 左图所示。

步骤 4▶ 光标后的内容显示在下一页中，在分页处显示一个虚线分页符标记，效果如图 4-34 右图所示。

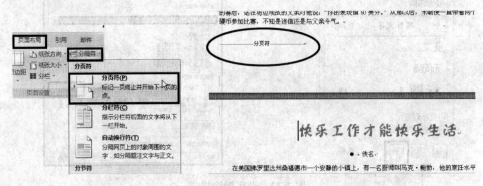

图 4-34　插入分页符

·提 示·

> 如果未看到分页符标记，可单击"开始"选项卡"段落"组中的"显示/隐藏编辑标记"按钮。
>
> 插入分页符的快捷键是【Ctrl+Enter】。

实训 6　设置分节

为了便于对同一文档中不同部分的文本进行不同的格式化，我们可以将文档分割成多个节。节是文档格式化的最大单位，只有在不同的节中，才可以设置与前面文本不同的页眉、页脚、页边距、页面方向、文字方向或分栏版式等格式。分节使文档的编辑排版更灵活，版面更美观。

【实训目的】

● 掌握设置分节的方法。

【操作步骤】

步骤 1▶ 要对文档设置分节，可首先将光标插入到要分节的位置，如第三篇文章"笑到最后的是谁"标题的前面，如图 4-35 左图所示。

步骤 2▶ 单击"页面布局"选项卡"页面设置"组中的"分隔符"按钮，在展开的列表中选择分节符类型，如选择"下一页"项，如图 4-35 右图所示。

● 选中**"下一页"**选项，表示分节符后的文本从新的一页开始。

● 选中**"连续"**选项，表示新节与其前面一节同处于当前页中。

● 选中**"偶数页"**选项，表示新节中的文本显示或打印在下一偶数页上。如果该分节符已经在一个偶数页上，则其下面的奇数页为一空页。

● 选中**"奇数页"**选项，表示新节中的文本显示或打印在下一个奇数页上。如果该分节符已经在一个奇数页上，则其下面的偶数页为一空页。

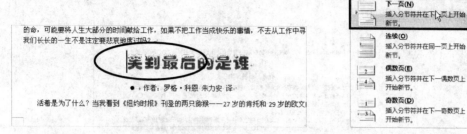

图 4-35　将光标插入到要分节的位置后选择"分节符"中的"下一页"项

步骤 3▶　Word 即在光标所在的位置插入一分节符，并将分节符后的内容显示在下一页中，效果如图 4-36 所示。

图 4-36　插入分节符后的效果

提 示

节的格式信息用分节符保存，所以可通过复制和粘贴分节符来复制节的格式信息。

若要删除分节符，可在选中分节符后按【Delete】键。需要注意的是：由于分节符中保存着该分节符上面的格式，所以删除一个分节符，将删除这个分节符之上的文本所使用的格式，此时该节的文本将使用下一节的格式。

实训 7　设置分栏

利用 Word 的分栏排版功能，可以在文档中建立不同数量或不同版式的栏，并且可以灵活地控制栏数、栏宽和栏间距。设置分栏后，Word 中的正文将从最左边的一栏开始逐栏排列。

【实训目的】

● 掌握设置分栏的方法。

【操作步骤】

步骤 1▶　要对文档设置分栏，可首先选中要分栏的文本，例如选中第一篇文章第二段至最后一段的内容，如图 4-37 所示。

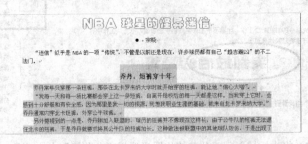

图 4-37　选中要分栏的文本

若不选择要分栏的文本内容，Word 2007 将对本节所有文档内容进行分栏。

步骤 2▶ 单击"页面布局"选项卡"页面设置"组中的"分栏"按钮，在展开的列表中选择一种分栏方式，如"两栏"，如图 4-38 左图所示，则效果如图 4-38 右图所示。

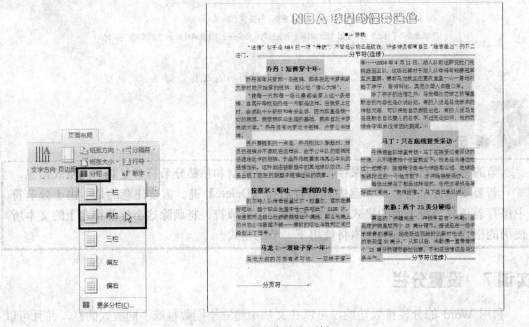

图 4-38　将文本分为两栏

步骤 3▶ 若要将文档分成更多的栏，可在选中文本后，在分栏列表中选择"更多分栏"项，如图 4-39 所示，打开"分栏"对话框，在"列数"编辑框中输入要分成的栏数，如 5，如图 4-40 所示，然后单击"确定"按钮。

● 选择"**一栏**"选项，可以将已经分为多栏的文本恢复成单栏版式。
● 选择"**两栏**"、"**三栏**"选项，可将所选文本分成等宽的两栏或三栏。

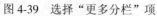

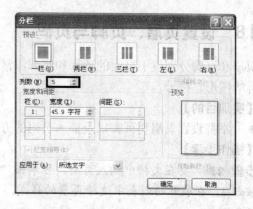

图 4-39　选择"更多分栏"项　　　　　　图 4-40　"分栏"对话框

- 选择**"左"**或**"右"**选项，可以将所选文本分成左窄右宽或左宽右窄的两个不等宽栏。如果要设置 3 栏以上的不等宽栏，需在"列数"编辑框中设置分栏的栏数。
- 预设分栏的样式后，在**"列数"**编辑框中可设置栏数。
- 选中**"分隔线"**复选框，可在栏与栏之间设置分隔线，使各栏之间的界限更明显。
- 在**"宽度和间距"**编辑区中可设置每一栏的栏宽以及栏间距。
- 选中**"栏宽相等"**复选框，可将所有的栏设置为等宽栏。
- 在**"应用于"**下拉列表中，选择**"本节"**项，可将本节设成多栏版式；选择**"插入点之后"**项，可将插入符之后的文本设为多栏版式；选中**"整篇文档"**项，则可对文档全部内容应用分栏设置。

在"普通"视图方式下，不能显示多栏版式，被设置成多栏版式的文本只能一栏一栏地显示。只有切换到"页面视图"或"打印预览"方式下，才能查看或设置多栏文本，并看到多栏并排显示的实际效果。

设置分栏后，拖动标尺上的分栏标记可快速地调整栏宽和间距，如图 4-41 所示。

图 4-41　利用分栏标记调整栏宽和栏间距

实训 8 设置页眉、页脚与页码

页眉和页脚分别位于页面的顶部和底部，常用来插入标题、页码和日期等文本，或公司徽标等图形、符号。

【实训目的】

● 掌握设置页眉和页脚以及插入页码的方法。

【操作步骤】

步骤 1▶ 要在文档中插入页眉，可单击"插入"选项卡"页眉和页脚"组中的"页眉"按钮，在展开的列表中选择页眉的样式，如"字母表型"项，如图 4-42 左图所示。

.提 示.

> 若我们不需要在页眉中使用样式，可在列表中选择"编辑页眉"选项，直接进入页眉编辑状态。

步骤 2▶ 进入页眉和页脚编辑状态，同时显示"页眉和页脚工具 设计"选项卡，在"键入文档标题"编辑框中单击，然后输入页眉文本"体育·感悟·人生·历史"，如图 4-42 右图所示。

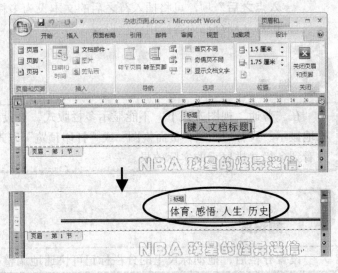

图 4-42 插入页眉

步骤 3▶ 单击"导航"组中的"转至页脚"按钮，如图 4-43 所示，可切换到页脚编辑区。

步骤 4▶ 在页脚编辑区输入所需的页脚，或单击"页眉和页脚"组中的"页脚"按钮，在展开的列表中选择一种页脚样式，

图 4-43 单击"转至页脚"按钮

如"字母表型"，然后输入页脚内容，如图 4-44 所示。

.提 示.

利用"页眉和页脚工具 设计"选项卡"插入"组中的工具按钮，可方便地在页眉或页脚编辑区中插入日期和时间、图片和剪贴画等。

.提 示.

页眉和页脚与文档的正文处于不同的层次上，因此，在编辑页眉和页脚时不能编辑文档正文。同样，在编辑文档正文时也不能编辑页眉和页脚。

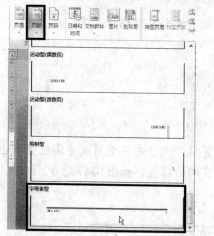
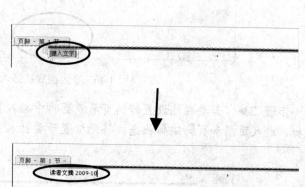

图 4-44　插入页脚

步骤 5▶　单击"页眉和页脚工具 设计"选项卡"关闭"组中的"关闭页眉和页脚"按钮▣，或在文档的正文编辑区双击鼠标，可退出页眉和页脚编辑状态。

.知识库.

若要修改页眉和页脚内容，可在页眉和页脚位置双击鼠标，进入页眉和页脚编辑状态进行修改；若要更改页眉和页脚样式，可分别在"页眉"或"页脚"列表中选择一种样式，则整个文档的页眉和页脚都会发生变化。

若要删除页眉和页脚，可在"页眉"或"页脚"列表中选择"删除页眉"或"删除页脚"选项。

页码是一种特殊的页眉或页脚内容，在文档中设置页码的方法如下。

步骤 1▶ 若仅要以页码作为文档的页眉或页脚，可单击"插入"选项卡"页眉和页脚"组中的"页码"按钮，在展开的列表中选择"页面顶端"或"页面底端"项，然后在展开的下级列表中选择页码的样式，如选择"页面底端">"卷形"项，如图 4-45 所示。

图 4-45　选择"页面底端">"卷形"项

步骤 2▶ 设置页码后的效果如图 4-46 所示，并且系统会自动编排页码。

图 4-46　在页面底端插入页码

步骤 3▶ 若要在已设置好的页眉或页脚中插入页码，可首先在页眉或页脚位置双击鼠标，进入页眉和页脚编辑状态，将光标置于要插入页码的位置，如图 4-47 所示。

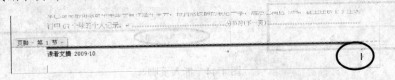

图 4-47　将光标置于要插入页码的位置

步骤 4▶ 单击"页眉和页脚工具 设计"选项卡"页眉和页脚"组中的"页码"按钮，在展开的列表中选择"当前位置"项，在展开的下级列表中选择页码的样式，如"圆角矩形"，如图 4-48 所示。

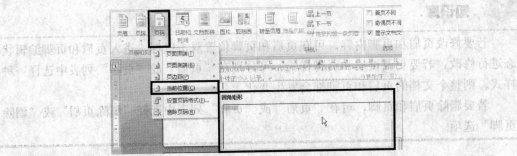

图 4-48　选择"当前位置">"圆角矩形"项

步骤 5▶ 则插入页码后的效果如图 4-49 所示。

图 4-49　在现有的页脚中插入页码

知识库

> 　　若要设置页码的格式，可单击页码列表底部的"设置页码格式"项，利用打开的"页码格式"对话框进行设置，如图 4-50 所示。

若选中"包含章节号"复选框，可进行设置使页码格式中包含章节号

在此下拉列表中可选择页码格式

如果文档被分成了若干节，选中"续前节"单选钮，可以将所有节的页码设置成彼此连续的页码

可在选中"起始页码"单选钮后，在此编辑框中重新设置本节的起始页码

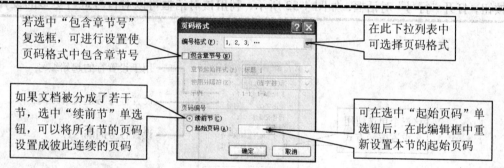

图 4-50　"页码格式"对话框

提　示

> 　　单击列表中的"删除页码"项，可将页码删除。如果文档首页页码不同，或者奇偶页的页眉或页脚不同，需要将光标分别定位在相应的页面中，再删除页码。

4.4　技巧与提高

1．为文档添加行号

　　行编号通常用于一些法律条文或技术文档中。行号在屏幕上看不到，仅出现在打印出来的文档和打印预览中。

　　为文档添加行号的方法为：将光标插入到文档中，单击"页面布局"选项卡"页面设置"组中的"行号"按钮，在展开的列表中选择一种编号方式，如"连续"，如图 4-51 左图所示，则为文档添加行号后的效果如图 4-51 右图所示。

图 4-51　为文档添加行号

单击列表中的"行编号选项"项，然后在打开的"页面设置"对话框中单击"行号"按钮，打开"行号"对话框，如图 4-52 所示，利用该对话框可以对行号进行更多的设置。

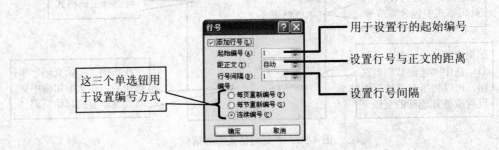

图 4-52　"行号"对话框

2．快速复制格式与样式

如果想要将文档内容的格式或样式快速应用到其他文档内容中，可利用 Word 中的"格式刷"工具来实现，其方法为：选取已设置格式或样式的文本或段落，然后单击"开始"选项卡"剪贴板"组中的"格式刷"按钮 ，此时鼠标指针变为" " 形状，拖动鼠标选择要应用该格式或样式的文本或段落即可。

若要将所选文本格式或样式应用于多处文档内容，需双击"格式刷"按钮 ，然后依次选择要应用该格式或样式的文本或段落，要结束格式或样式复制操作，需再次单击"格式刷"按钮 。

3．利用"样式集"快速设置文档样式

在 Word 2007 中，我们可以套用"样式集"中的样式方案，快速地为文档设置规范、美观的样式，其方法为：单击"开始"选项卡"样式"组中的"更改样式"按钮，在展开的列表中选择"样式集"项，然后在展开的下一级列表中选择样式方案，如"流行"，如图 4-53 所示。

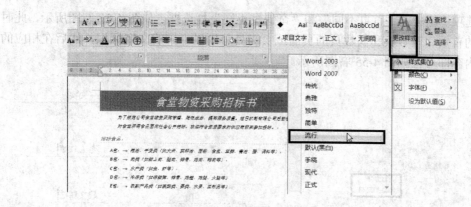

图 4-53　套用样式集快速设置文档样式

4．解决文档或节的尾页出现不均匀分栏的问题

对文档进行分栏设置时，有时在文档或节的最后一页会出现不均匀的尾栏，如图 4-54 左图所示。为了使版面美观，我们可以将其设置为等长栏，具体方法如下。

将光标插入到要设置等长栏的文本结尾位置，如图 4-54 左图所示，然后单击"页面布局"选项卡"页面设置"组中的"分隔符"按钮，在展开的列表中选择"连续"项，如图 4-54 中图所示，则效果如图 4-54 右图所示。

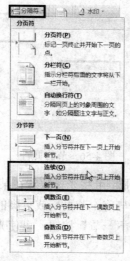

图 4-54　设置等长栏

5．设置首页或奇偶页不同的页眉与页脚

在有些书中章节的首页没有页眉和页脚，奇数页和偶数页设置了各自不同的页眉或页脚，这两种设置是如何实现的呢？具体方法如下。

双击页眉和页脚编辑区，进入页眉和页脚编辑状态，单击"页眉和页脚工具　设计"

选项卡"选项"组中的"首页不同"和"奇偶页不同"复选框，如图4-55左图所示，此时在文档中的首页、奇数页和偶数页的页眉或页脚处分别以不同的文字标识，然后在相应的位置输入内容即可，如图4-55右图所示。

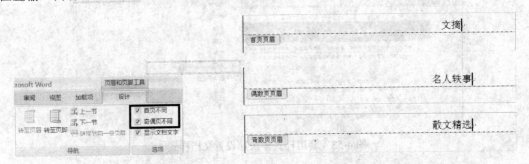

图 4-55　为文档设置首页不同和奇偶页不同的页眉和页脚

6. 为文档的每一节设置不同的页眉与页脚

若文档的内容被分为多节，在文档中添加页眉页脚时，页眉和页脚会以"页眉　第×节"和"页脚　第×节"的形式标识。默认情况下，后续节的页眉和页脚内容与前一节保持一致，此时，在后续节页眉和页脚的右侧有"与上一节相同"的标记，并且"页眉和页脚工具 设计"选项卡"导航"组中的"链接到前一条页眉"按钮处于按下状态，如图 4-56所示，此时在任意节中编辑页眉，会使各节的页眉内容得到相应的修改。

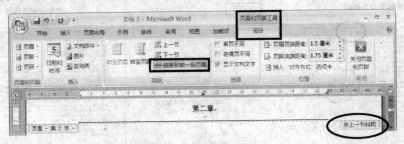

图 4-56　节的页眉

若要设置各节不同的页眉和页脚，可将光标放置在某一节的页眉或页脚位置，单击"链接到前一条页眉"按钮，取消该节与前一节页眉或页脚的链接，然后输入需要的内容。单击"导航"组中的"上一节"或"下一节"按钮，可使光标依次在每一节的页眉或页脚位置跳转。

若要重新与前一节的页眉或页脚链接，可再次单击"链接到前一条页眉"按钮，然后在显示的如图4-57所示的提示对话框中单击"是"按钮。

图 4-57　提示对话框

7．修改或删除页眉中的分割线

在文档中插入页眉时，页眉下方会显示一条单实线，我们可以通过相应的操作修改或删除该实线，具体操作步骤如下。

步骤 1▶ 若要修改页眉下的单实线，可首先选中页眉中的所有内容，然后单击"开始"选项卡"段落"组中"边框线"按钮□右侧的三角按钮，在展开的列表中选择"边框和底纹"项，打开"边框和底纹"对话框。

步骤 2▶ 在"样式"列表中选择一种线条样式，如"双线"，在"预览"区中单击两次"下框线"按钮□，如图 4-58 所示，然后单击"确定"按钮，则效果如图 4-59 所示。

图 4-58　"边框和底纹"对话框

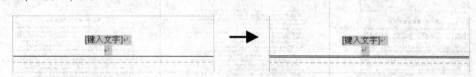

图 4-59　修改页眉中的分割线

步骤 3▶ 若要删除该线，在"边框和底纹"对话框的"设置"区中选择"无"项，然后单击"确定"按钮。

本章小结

本章分 3 节介绍了 Word 的一些高级格式设置，如为文档设置项目符号和编号；样式的创建与应用；为文档分页、分节和分栏，以及为文档设置页眉和页脚等，掌握这些知识，可使编排出的文档更具专业化。

通过本章的学习，读者应掌握样式应用及自定义样式的方法；熟悉分节的作用及掌握分节的方法；掌握在文档中插入页眉、页脚和页码的方法。

思考与练习

一、填空题

1．若要为段落添加系统默认的项目符号，可单击_____组中的_____按钮。

2．_____是一系列格式的集合，使用它我们可以快速的统一文档格式，以及方便的调整文档的格式。

3. 若要将文档中某个段落后面的内容分配到下一页中，可通过＿＿＿＿＿＿＿＿＿＿操作实现。

4. ＿＿＿＿＿＿＿＿＿是文档格式化的最大单位，为了便于对同一文档中不同部分的文本进行不同的格式化，我们可以将文档＿＿＿＿＿＿＿＿＿＿。

5. 单击＿＿＿＿＿＿＿＿组中的＿＿＿＿＿＿＿＿＿按钮，可切换到页脚编辑区。

二、问答题

1. 简述如何将一段文本分为 5 栏。

2. 简述在文档中设置页眉页脚的方法。

三、操作题

打开本书提供的素材文件"素材与实例"＞"素材"＞"第 4 章"＞"倚天屠龙记.docx"，对其进行编排，编排后部分页面的效果如图 4-60 所示，详见本书提供的配套素材"素材与实例"＞"实例效果"＞"第 4 章"＞"倚天屠龙记最终效果.docx"。

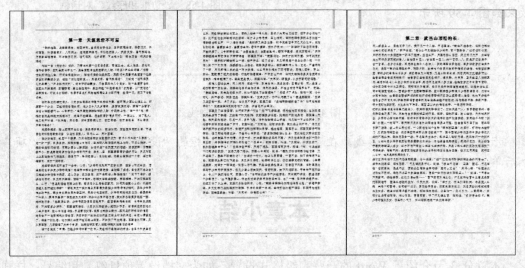

图 4-60　编排后部分页面的效果

提示：

（1）对文档中每章的标题应用"标题"样式，对正文应用"列出段落"样式。

（2）在文档中适当的位置插入"下一页"样式的分节符，从而将文档的每一章设置为一个小节。

（3）为文档插入"条纹型"样式的页眉，并输入页眉文本"倚天屠龙记"。

（4）为文档插入"字母表型"样式的页脚，并输入页脚文本"金庸著作"。

第 5 章 插入图片、艺术字与图形

【本章导读】

通过前面几章的学习，我们对 Word 2007 的基本功能已经有了一定的了解。在这一章，我们将一起学习 Word 的文档美化功能，学习如何在文档中插入图片和艺术字、插入图形和文本框，以及如何利用 SmartArt 功能制作各种流程图和组织结构图。

【本章内容提要】

- ☑ 插入图片
- ☑ 插入艺术字
- ☑ 插入图形和文本框
- ☑ 插入 SmartArt 图形

5.1 插入图片——制作旅游宣传单

利用 Word 2007 中的插入图片功能，我们可以在文档中插入漂亮的图片，使文档图文并茂，更具表现力。同时，我们还可以利用 Word 的图片编辑功能，对插入的图片进行处理，使其效果更具专业风范。

下面我们通过制作图 5-1 所示的旅游宣传单，介绍在文档中插入和编辑图片，以及设置图片特殊效果的方法。实例的最终效果参见本书配套素材"素材与实例" > "实例效果" > "第 5 章" > "旅游宣传单最终效果.docx"。

图 5-1   实例效果

实训 1   插入图片与剪贴画

我们可以将保存在电脑中的图片插入到文档中，也可以插入 Word 自带的剪辑库中的剪贴画。

【实训目的】

● 掌握插入图片与剪贴画的方法。

【操作步骤】

步骤 1▶ 打开本书提供的素材文件"素材与实例">"素材">"第 5 章">"旅游宣传单.docx"。

步骤 2▶ 若要在文档中插入图片，可首先将光标置于要插入图片的位置，如"崂山之春"这一段的末尾，然后单击"插入"选项卡"插图"组中的"图片"按钮，如图 5-2 左图所示，打开"插入图片"对话框。

步骤 3▶ 在"查找范围"下拉列表框中选择素材图片所存放的位置，如"素材与实例">"素材">"第 5 章"，然后在其下方的列表框中单击选取要插入的图片，如图片"春"，如图 5-2 右图所示。

图 5-2   选择图片

> 若要一次插入多张图片，可在按住【Ctrl】键的同时依次单击选择要插入的所有图片。

步骤 4▶　单击"插入"按钮，将所选图片以嵌入方式插入到文档中，效果如图 5-3 所示。若在"插入图片"对话框中单击"插入"按钮右侧的三角按钮，将打开如图 5-4 所示的插入方式列表，该列表显示了插入图片的 3 种方式，其意义如下：

图 5-3　插入图片的效果　　　　　　　　　图 5-4　插入方式列表

- **"插入"方式**：单击"插入"命令，图片被"复制"到当前文档中，成为当前文档的一部分。当保存文档时，插入的图片会随文档一起保存。当源图片文件发生变化时，文档中相应的图片不会自动更新。
- **"链接到文件"方式**：单击"链接到文件"命令，图片以链接方式被当前文档所"引用"。这时，插入的图片仍然保存在源图片文件中，文档只保存了这个图片文件所在的位置信息。以链接方式插入图片不会使文档的体积增加太多，也不影响在文档中查看并打印该图片。当源图片文件发生变化后，文档中相应的图片也会自动更新。
- **"插入和链接"方式**：单击"插入和链接"命令，图片被"复制"到当前文档的同时，还建立了和源图片文件的"链接"关系。当保存文档时，插入的图片会随文档一起保存，这可能使文档的体积显著增大。当源图片文件发生变化后，文档中相应的图片会自动更新。

> 还可以利用复制、粘贴命令将其他文档或程序中的图片复制到文档中。

步骤 5▶　将图片"夏"插入到"崂山之夏"一段的末尾，以同样的方法，分别将图片"秋"和"冬"插入到相应的位置，如图 5-5 所示。

崂山之夏　　　崂山之秋　　　崂山之冬

图 5-5　在相应的位置插入其他图片

若要在文档中插入剪贴画，可进行如下操作。

步骤 1▶ 单击"插入"选项卡"插图"组中的"剪贴画"按钮，在操作界面的右侧将弹出"剪贴画"任务窗格，单击"管理剪辑"超链接，如图 5-6 左图所示。

步骤 2▶ 在打开的"Microsoft 剪辑管理器"窗口左侧的列表框中单击"Office 收藏集"项左侧的"⊞"符号，在展开的列表中单击选择需要的文件夹，如"植物"，在窗口右侧将显示该文件夹中的剪贴画，如图 5-6 右图所示。

图 5-6　"剪贴画"任务窗格和"Microsoft 剪辑管理器"窗口

步骤 3▶ 将鼠标指针移至要插入的剪贴画的上方，如图 5-7 左图所示，然后按住鼠标左键不放，将其拖动到文档中的指定位置即可，如图 5-7 右图所示，插入后的效果如图 5-8 所示。

图 5-7　插入剪贴画

 **提示**

用户还可将鼠标指针移至剪贴画的上方，单击其右侧的三角按钮，在展开的列表中选择"复制"项，如图 5-9 所示，然后返回到文档中，使用"粘贴"命令将剪贴画粘贴到文档中。

图 5-8 插入剪贴画的效果　　　　图 5-9 复制剪贴画

实训 2 调整图片的尺寸

对于插入到文档中的图片，我们可以根据需要适当地调整它们的尺寸。下面我们来调整上一个实训中插入的剪贴画的尺寸。

【实训目的】
● 掌握调整图片尺寸的方法。

【操作步骤】

步骤 1▶ 若要粗略调整图片的尺寸，可首先单击选中图片，此时在图片四周显示 8 个控制点，如图 5-10 左图所示。将鼠标指针移至图片四角的某一个圆形控制点上，鼠标指针变为"↗"或"↘"形状，如图 5-10 中图所示。

步骤 2▶ 按住鼠标左键向图片内侧拖动，至适当的位置后释放鼠标，等比例缩小图片，效果如图 5-10 右图所示，若要等比放大图片，可向外侧拖动。

图 5-10 等比例缩小图片

另外，如果将鼠标指针置于图片的正方形控制点上，鼠标指针变为"↕"或"↔"形状时，按住鼠标左键拖动可调整图片的高度或宽度。

提示

若要精确调整图片的尺寸，可在"大小"组中的"形状高度"和"形状宽度"编辑框中分别设置图片的高度和宽度，如图 5-11 左图所示。

另外，单击"图片工具 格式"选项卡"大小"组右下角的对话框启动器按钮，在打开的"大小"对话框"缩放比例"设置区的"高度"和"宽度"编辑框中，或"尺寸和旋转"设置区的"高度"和"宽度"编辑框中可精确设置图片的尺寸，如图 5-11 右图所示。

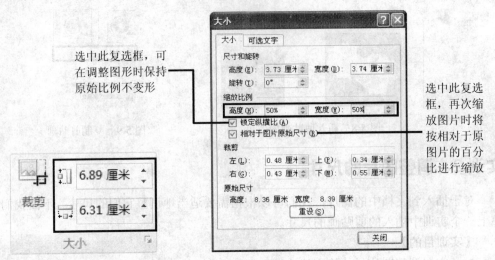

选中此复选框，可在调整图形时保持原始比例不变形

选中此复选框，再次缩放图片时将按相对于原图片的百分比进行缩放

图 5-11　"大小"组和"大小"对话框

实训 3　调整图片的位置

【实训目的】

● 掌握调整图片位置的方法。

【操作步骤】

步骤 1▶　若要将图片移至合适的位置，可将鼠标指针移至图片的上方，例如图片"春"的上方，此时鼠标指针变为 " " 形状，如图 5-12 左图所示。

步骤 2▶　按住鼠标左键拖动鼠标，当拖动到适当的位置时释放鼠标，如图 5-12 中图所示，效果如图 5-12 右图所示。

图 5-12　移动图片

提示

默认情况下，图片是以嵌入方式插入到文档中的，此时图片的移动范围受到限制。若要自由地移动图片，我们需要将图片的文字环绕方式设置为除嵌入式以外的任意一种形式，再移动图片的位置，关于设置文字环绕方式的方法将在本节实训 4 中详细介绍。

提示

若在拖动鼠标的同时按住【Ctrl】键，此时鼠标指针变为 "📋" 形状，表示当前执行的是复制图片的操作，释放鼠标后，所选文本即被复制到目标位置，例如将文本"崂山之春"前的剪贴画分别复制到文本"崂山之夏"、"崂山之秋"和"崂山之冬"的前面，如图 5-13 所示。

图 5-13　复制图片

实训 4　设置图片的文字环绕方式

默认情况下，以"插入"方式插入到文档中的图片或剪贴画的文字环绕方式为嵌入式，因此，其版式也受到局限。在实际操作中，我们可以根据需要灵活设置图片的文字环绕方式。

【实训目的】
● 掌握设置图片文字环绕方式的方法。

【操作步骤】

步骤 1▶　打开本书提供的素材文件"素材与实例">"实例效果">"第 5 章">"旅游宣传单（调整图片的位置）.docx"。

步骤 2▶　若要设置图片的文字环绕方式，可首先单击选中图片，如图片"春"，然后单击"图片工具 格式"选项卡"排列"组中的"文字环绕"按钮，在展开的列表中选择需要的文字环绕方式，如"四周型环绕"，如图 5-14 左图所示，则效果如图 5-14 右图所示。

图 5-14　将图片设置为四周型环绕

步骤 3▶ 用同样的方法将图片"夏"、"秋"和"冬"的文字环绕方式设置为四周型环绕，如图 5-15 所示。

提示

　　若要对图片的文字环绕方式进行更详细的设置，可选择如图 5-14 左图所示"文字环绕"列表底部的"其他布局选项"项，打开"高级版式"对话框，在该对话框的"文字环绕"选项卡下进行需要的设置。例如可在"距正文"设置区的"上"、"下"、"左"和"右"编辑框中设置图片与正文的间距，如图 5-16 所示。

图 5-15　设置其他图片的文字环绕方式

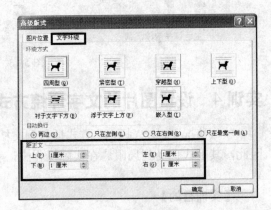

图 5-16　"高级版式"对话框

实训 5　设置图片的形状、边框及效果

　　在 Word 2007 中，我们可以设置图片的形状、边框及效果，或利用 Word 2007 预设的多种图片样式对图片进行处理，从而轻松地实现具有专业水平的图片特殊效果。

【实训目的】
● 掌握设置图片形状、边框及效果等的方法。

【操作步骤】

步骤 1▶ 若要设置图片的形状，可首先单击选中图片，如图片"秋"，然后单击"图片工具 格式"选项卡"图片样式"组中的"图片形状"按钮，在展开的列表中选择需要的形状，如"流程图"＞"流程图：资料带"，如图 5-17 左图所示，效果如图 5-17 右图所示。

步骤 2▶ 若要设置图片的边框，可单击"图片样式"组中的"图片边框"按钮，在展开的列表中选择边框的颜色，如"橙色，强调文字颜色 6"，如图 5-18 左图所示；再次单击"图片边框"按钮，在展开的列表中选择"粗细"＞"3 磅"项，设置边框的线宽，如图 5-18 中图所示，效果如图 5-18 右图所示。

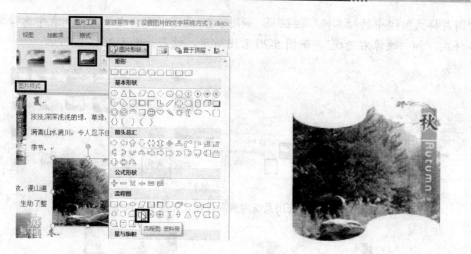

图 5-17　设置图片形状

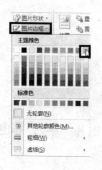
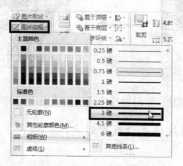

图 5-18　设置图片的边框

步骤 3▶　若要设置图片效果，可在选中图片后单击"图片样式"组中的"图片效果"
按钮 图片效果 ，在展开的列表中选择需要的效果，例如将图片"春"设置为"发光">"强
调文字颜色 2，18pt 发光"效果，如图 5-19 所示。

图 5-19　将图片设置为发光效果

步骤 4▶　如果要应用系统内置的图片样式，可单击选中图片，如图片"夏"，然后单

击"图片样式"组中的"其他"按钮，如图 5-20 左图所示，在展开的列表中选择需要的图片样式，如"映像右透视"，如图 5-20 右图所示，效果如图 5-21 右图所示。

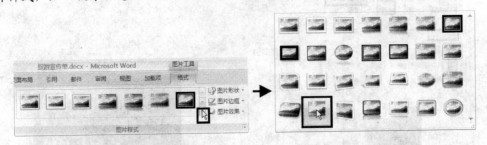

图 5-20　套用系统内置图片样式设置图片风格

图 5-21　套用图片样式后的效果

步骤 5▶ 用同样的方法将图片样式"裁剪对角线，白色"应用于图片"冬"，如图 5-22 所示。

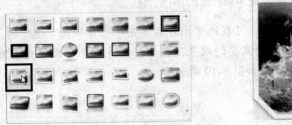

图 5-22　为图片套用"裁剪对角线，白色"样式

步骤 6▶ 参照图 5-1 所示将图片移动到适当的位置，完成旅游宣传单的制作。

 提 示

　　单击"调整"组中的"亮度"按钮，在展开的列表中选择某个选项，可以调整图片的亮度，如图 5-23 左图所示；单击"对比度"按钮，在展开的列表中选择某个选项，可以调整图片的对比度，如图 5-23 中图所示。

　　无论对图片做了什么设置，选中图片后，只要单击"图片工具　格式"选项卡上"调整"组成中的"重设图片"按钮，如图 5-23 右图所示，可将图片恢复为插入时的状态。

图 5-23　"亮度"列表、"对比度"列表和单击"重设图片"按钮

5.2　插入艺术字——制作圣诞贺卡

艺术字在文档中起着画龙点睛的作用。在 Word 2007 的艺术字库中包含了许多漂亮的艺术字样式，选择所需的样式，输入文字，就可以轻松地在文档中插入艺术字。

本节我们通过制作图 5-24 所示的圣诞贺卡，来介绍艺术字的有关知识。实例的最终效果参见本书配套素材"素材与实例">"实例效果">"第 5 章">"圣诞贺卡最终效果.docx"。

图 5-24　实例效果

实训 6　插入艺术字

【实训目的】
- 掌握在文档中插入艺术字的方法。

【操作步骤】

步骤 1▶ 打开本书提供的素材文件"素材与实例">"素材">"第 5 章">"圣诞贺卡.docx"。单击"插入"选项卡"文本"组中的"艺术字"按钮◢，在展开的列表中选择需要的艺术字样式，如"艺术字样式 3"，如图 5-25 左图所示。

步骤 2▶　在打开的"编辑艺术字文字"对话框中输入文字"圣诞快乐"，在"字体"下拉列表中选择艺术字的字体，如"华文行楷"，在"字号"下拉列表中设置字号为"44"，如图 5-25 右图所示。

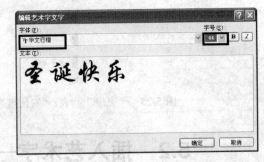

图 5-25　选择艺术字样式并输入艺术字

步骤 3▶　单击"确定"按钮，在文档中插入艺术字，效果如图 5-26 所示。

步骤 4▶　保持艺术字的选中状态，在"艺术字工具 格式"功能区的"排列"组中将艺术字的文字环绕方式设置为"浮于文字上方"，然后参照调整图片位置的方法将其移至适当的位置，效果如图 5-27 所示。

图 5-26　插入艺术字后的效果　　　　图 5-27　将艺术字移动到恰当的位置

　提示

　　　插入艺术字后，若要更改其内容和样式，可在选中艺术字后，单击"艺术字工具 格式"功能区中的相应选项，如图 5-28 所示。

图 5-28　"艺术字工具 格式"功能区

实训 7　更改艺术字的形状、填充颜色和轮廓线

【实训目的】

● 掌握更改艺术字的形状、填充颜色和轮廓线的方法。

【操作步骤】

步骤 1▶　　若要更改艺术字的形状，可选中艺术字，然后单击"艺术字工具 格式"选项卡"艺术字样式"组中的"更改形状"按钮 🔲 更改形状，在展开的列表中选择需要的形状，如"双波形 2"，如图 5-29 左图所示，更改后的效果如图 5-29 右图所示。

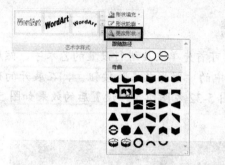

图 5-29　更改艺术字的形状

步骤 2▶　　下面我们将艺术字的填充颜色更改为黄色。其方法为：单击"艺术字样式"组中的"形状填充"按钮 🔲 形状填充，在展开的列表中选择"标准色">"黄色"项，如图 5-30 左图所示，更改后的效果如图 5-30 右图所示。

利用该列表中的其他选项，可对艺术字的填充效果做更多的设置，例如利用"图片"项，可以将图片填充到艺术字中

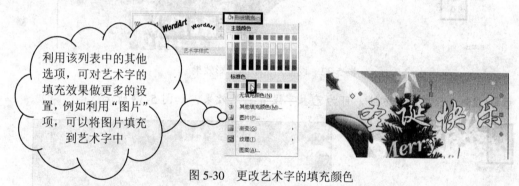

图 5-30　更改艺术字的填充颜色

步骤 3▶　　若要更改艺术字的轮廓线颜色和宽度，可单击"艺术字样式"组中的"形状轮廓"按钮 🔲 形状轮廓，在展开的列表中选择需要的颜色，如"红色"，如图 5-31 左图所示；再次单击"形状轮廓"按钮，在展开的列表中选择"粗细">"1.5 磅"项，如图 5-31 中图所示，设置后的效果如图 5-31 右图所示。

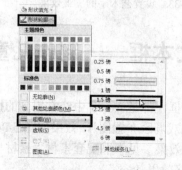

图 5-31　更改艺术字的轮廓线颜色和宽度

实训 8   设置艺术字的效果

Word 2007 为艺术字提供了丰富的阴影和三维效果，我们可以根据需要进行设置。

【实训目的】

● 掌握设置艺术字效果的方法。

【操作步骤】

步骤 1▶   若要设置艺术字的阴影效果，可首先单击要进行设置的艺术字，然后单击"艺术字工具 格式"选项卡"阴影效果"组中的"阴影效果"按钮，在展开的列表中选择需要的阴影效果，如"阴影样式 2"，如图 5-32 左图所示，设置后的效果如图 5-32 右图所示。

图 5-32   设置艺术字的阴影效果

步骤 2▶   以类似的方法，可为艺术字设置三维效果，如图 5-33 所示。

图 5-33   设置艺术字的三维效果

5.3   插入图形与文本框——制作儿童节活动海报

在文档中绘制图形和插入文本框，都是 Word 中经常用到的操作。本节我们通过在图 5-34 左图所示的素材底部添加"游戏场区布置图"，效果如图 5-34 右图所示，来介绍图形和文本框的有关知识。实例的最终效果参见本书配套素材"素材与实例">"实例效果">"第 5 章">"儿童节活动海报最终效果.docx"。

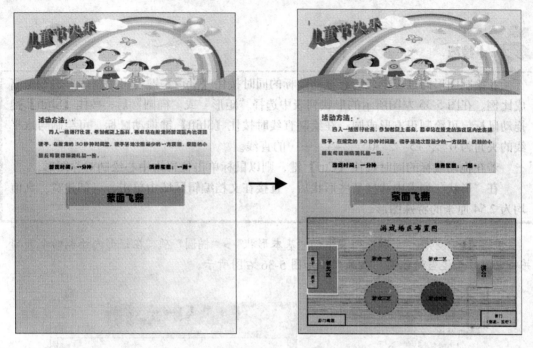

图 5-34 实例效果

实训 9 插入图形

【实训目的】

● 掌握在文档中插入图形的方法。

【操作步骤】

步骤 1▶ 打开本书提供的素材文件"素材与实例">"素材">"第 5 章">"儿童节活动海报.docx",如图 5-34 左图所示。

步骤 2▶ 下面我们在海报底部插入图形。单击"插入"选项卡"插图"组中的"形状"按钮，在展开的列表中选择"基本形状"中的"矩形"项，如图 5-35 左图所示。

步骤 3▶ 将光标移至文档中适当的位置，如图 5-35 中图所示，按住鼠标左键向页面右下角拖动鼠标，至适当的位置释放鼠标左键，绘制一个矩形，如图 5-35 右图所示。

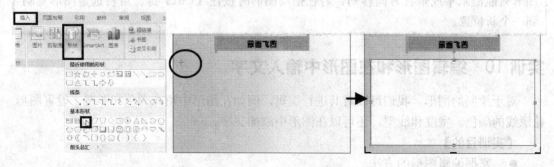

图 5-35 在文档中绘制矩形

 小技巧

　　在绘制图形的过程中，若在拖动鼠标的同时按住【Shift】键，可保持图形的宽与高成比例。在图 5-35 左图所示的形状列表中选择"矩形"或"椭圆"后，按住【Shift】键拖动鼠标，可绘制正方形或圆；在绘制直线时按住【Shift】键拖动鼠标，可绘制与水平线的夹角为 0°、15°、30°、45°……的直线。

　　若在拖动鼠标的同时按住【Ctrl】键，则以鼠标单击位置为中心绘制对称图形。

　　在"形状"列表中选择某些形状后，直接在文档编辑区域中单击，可创建宽、高值均为 2.54 厘米的特殊图形。

　　步骤 4▶　利用"形状"列表中的"基本形状">"椭圆"项，在矩形内绘制四个圆形，并将它们移至适当的位置，效果大体如图 5-36 右图所示。

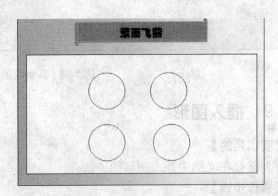

图 5-36　绘制 4 个圆

 提示

　　移动图形的方法和移动图片相似。此外，若在移动图形时按住【Shift】键，可限制图形只能沿水平或垂直方向移动；若在拖动图形时按住【Ctrl】键，可将选定图形复制到一个新位置。

实训 10　编辑图形和在图形中输入文字

　　对于绘制的图形，我们可以对其进行编辑，例如在图形中填充颜色和图案，设置图形轮廓线的颜色、宽度和线型，还可以在图形中添加文字。

　　【实训目的】
● 掌握编辑图形的方法。
● 掌握在图形中输入文字的方法。

【操作步骤】

步骤 1▶　若要设置图形的填充效果，可首先单击选中该图形，例如选中已绘制的矩形，单击"绘图工具 格式"选项卡"形状样式"组中"形状填充"按钮 右侧的三角按钮，在展开的列表中选择需要的填充效果，如"纹理">"栎木"项，如图 5-37 左图所示，填充后的效果如图 5-37 右图所示。

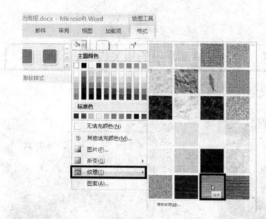
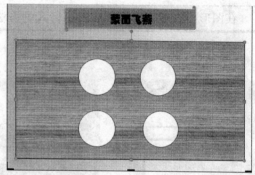

图 5-37　为绘制的矩形填充纹理

步骤 2▶　下面设置矩形的边框线宽度。单击"形状样式"选项卡中"形状轮廓"按钮 右侧的三角按钮，在展开的列表中选择"粗细">"2.25 磅"项，如图 5-38 左图所示，设置后的效果如图 5-38 右图所示。

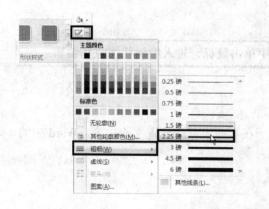
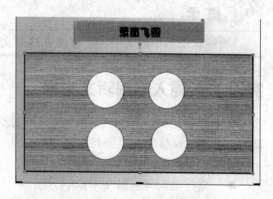

图 5-38　设置矩形的边框线宽度

步骤 3▶　为矩形中的 4 个圆形自左往右、自上而下依次填充浅蓝、黄色、绿色和红色，然后将它们的边框线宽度设置为"1.5 磅"，并利用图 5-38 左图所示"形状轮廓"列表中的"虚线"项，为 4 个圆设置"短划线"型的边框，效果如图 5-39 所示。

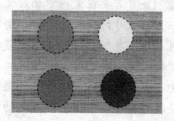

图 5-39　为 4 个圆填充颜色并设置边框线

步骤 4▶　下面我们在图形中添加文字。右键单击左上角的圆形，在弹出的菜单中选择"添加文字"菜单项，如图 5-40 左图所示，然后输入文字"游戏一区"，并将所输入文字的字符格式设置为"小四"号、"粗体"，设置行距使文字大约位于圆形的中心位置，效果大体如图 5-40 右图所示。

提示

在图形中设置字符格式和段落格式的方法，可参见第 3 章中的相关内容。

步骤 5▶　用同样的方法为其他圆形添加文字。效果如图 5-41 所示。

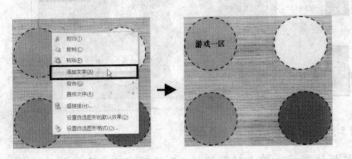

图 5-40　为图形添加文字

图 5-41　为其他图形添加文字

提示

要编辑图形中的文字，可直接在这些文字中单击鼠标，进入编辑状态进行编辑。

实训 11　插入与编辑文本框

文本框也是 Word 的一种绘图对象，主要用于在页面中灵活放置文本内容。Word 中的文本框分为"横排"和"竖排"两种。

【实训目的】

● 掌握插入与编辑文本框的方法。

【操作步骤】

步骤 1▶　若要在文档中插入文本框，可单击"插入"选项卡"文本"组中的"文本框"按钮，在展开的列表中选择"绘制文本框"项，如图 5-42 左图所示。

步骤 2▶　在矩形上部适当位置按住鼠标左键并拖动，绘制一个矩形文本框，然后输入文字"游戏场区布置图"，单击文本框边缘选中文本框或选择文本框中的内容，将字符格式设置为"华文新魏"、"二号"、"黑体"，如图 5-42 右图所示。此外，用户也可通过拖动文本框将其移至合适的位置，或拖动文本框四周的 8 个控制点调整文本框的大小。

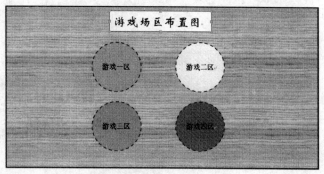

图 5-42 绘制文本框并在其中添加文字

步骤 3▶ 在图 5-42 左图所示的文本框列表中选择"绘制竖排文本框"项，然后在矩形的右侧按住鼠标左键拖动或单击鼠标，绘制竖排文本框，如图 5-43 左图所示。

步骤 4▶ 在绘制的文本框中输入"讲台"，将文字的字符格式设置为"三号"、"黑体"，并将其居中对齐，效果大体如图 5-43 右图所示。

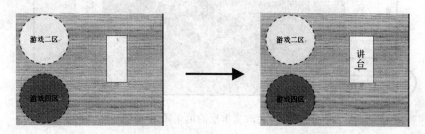

图 5-43 绘制文字竖排的文本框

步骤 5▶ 在矩形中绘制其他文本框，在其中输入文字并设置文字的字符格式，效果如图 5-44 所示。

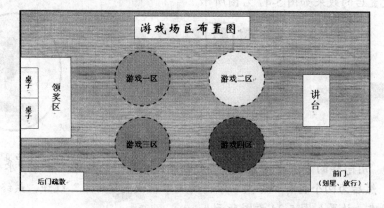

图 5-44 绘制其他文本框

101

步骤 6▶ 如果要删除文本框的填充颜色和边框，可单击文本框边缘选中文本框，如选中"游戏场区布置图"文本框，然后单击"文本框工具 格式"选项卡"文本框样式"组中的"形状填充"按钮，在展开的列表中选择"无填充颜色"项，如图5-45左图所示，单击"形状轮廓"按钮，在展开的列表中选择"无轮廓"项，如图5-45中图所示，则效果如图5-45右图所示。

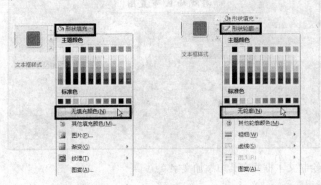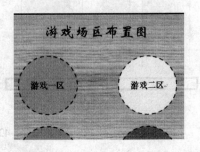

图5-45 删除文本框的填充颜色和边框

步骤 7▶ 利用"形状填充"和"形状轮廓"列表，将矩形底部的两个文本框的填充颜色设置为"橙色"，将它们的边框线宽度设置为"3磅"，效果如图5-46所示。

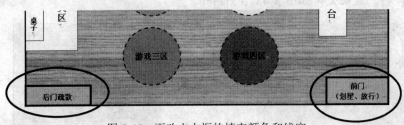

图5-46 更改文本框的填充颜色和线宽

步骤 8▶ 下面我们利用样式库设置文本框的样式。单击选中含有"领奖区"字样的文本框，然后单击"文本框样式"组中样式库右下角的"其他"按钮，如图5-47左图所示，在展开的列表中选择一种样式，如"彩色填充，白色轮廓，强调文字颜色2"，如图5-47中图所示，设置后的效果如图5-47右图所示。

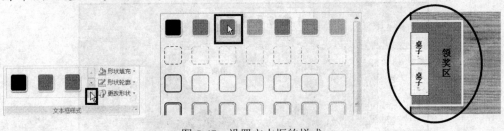

图5-47 设置文本框的样式

步骤 9▶ 用同样的方法，将含有"讲台"字样文本框的样式设置为"水平渐变-强调文字颜色2"，然后为两个标有"课桌"字样的文本框设置"栎木"纹理，最终完成游戏场区布置图的创建，效果如图5-34右图所示。

实训 12　将图形与文本框进行组合

当文档中插入了多个自选图形时，为了统一调整其位置、尺寸、线条和填充效果，可将它们组合为一个图形单元。

【实训目的】
● 掌握组合图形和文本框的方法。

【操作步骤】

步骤 1▶　单击选中第一个要组合的图形，然后按住【Shift】键依次单击选中其他要组合的图形和文本框。

小技巧

除了利用【Shift】键一次选择多个对象外，我们也可单击"开始"选项卡上"编辑"组中的"选择"按钮，在展开的列表中选择"选择对象"按钮，然后在图形周围拖出一个方框，此时被框选的图形将被选中。再次单击"选择对象"按钮可返回文本编辑状态。

另外，当使用鼠标单击不能选取图形时，可使用"选择"按钮单击选中图形。

步骤 2▶　将鼠标移至其中一个图形或文本框的边缘处，当鼠标指针变为"＋"形状时右击鼠标，在弹出的菜单中选择"组合" > "组合"菜单项，如图 5-48 所示，将所有选中的图形组合为一个图形单元。

提　示

若要取消组合，可在组合中任一图形的适当位置右击，在弹出的快捷菜单中选择"组合" > "取消组合"菜单项，如图 5-49 所示。

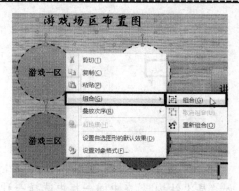

图 5-48　组合图形和文本框

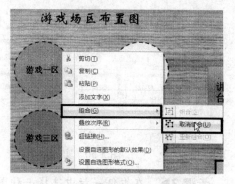

图 5-49　取消图形和文本框的组合

小技巧

右击某个图形，在展开的列表中选择"设置自选图形的默认效果"项，则以后绘制的图形效果都会与该图形相同。

5.4 插入 SmartArt 图形
——制作销售渠道组织结构图

Word 2007 中新增加了智能图表（SmartArt）工具，主要用于在文档中列示项目，演示流程，表达层次结构或者关系。

本节我们以制作图 5-50 所示的销售渠道组织结构图为例，介绍如何应用 Word 中的智能图表工具。实例最终效果参见本书配套素材"素材与实例"＞"实例效果"＞"第 5 章"＞"销售渠道组织结构图.docx"。

实训 13 插入 SmartArt 图形

【实训目的】
● 掌握插入 SmartArt 图形的方法。

【操作步骤】

步骤 1▶ 若要在文档中插入 SmartArt 图形，可首先将光标定位到要插入图形的位置。这里我们新建一个空白文档，默认在文档的开始处插入 SmartArt 图形。

步骤 2▶ 单击"插入"选项卡"插图"组中的"SmartArt"按钮，如图 5-51 所示，打开"选择 SmartArt 图形"对话框。

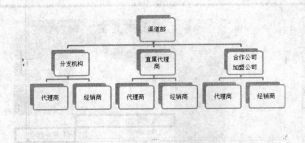

图 5-50 实例效果

图 5-51 单击"SmartArt"按钮

步骤 3▶ 在左侧一栏中选择一种图形类型，如"层次结构"，在中间一栏中选择一种图形样式，如"层次结构"，如图 5-52 所示，然后单击"确定"按钮即可，插入的层次结构图如图 5-53 所示。

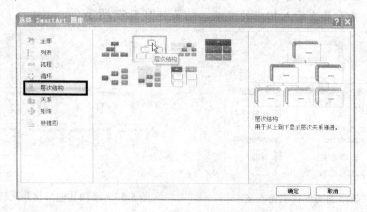

图 5-52　选择"层次结构图"项

步骤 4▶　此时，新建图表中的"[文本]"字样被称为占字符，用于指示文字输入的位置。若要在 SmartArt 图形中输入文字，可单击图形中的占位符，当占位符消失时输入所需的内容即可，效果如图 5-54 所示。

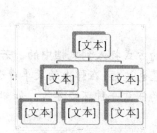

图 5-53　插入的层次结构图

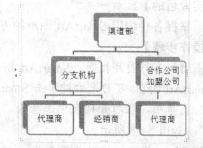

图 5-54　在 SmartArt 图形中输入文本

步骤 5▶　下面我们在 SmartArt 图形中添加形状。单击选中标有"分支机构"字样的形状，如图 5-55 左图所示，将其作为基准形状，然后单击"SmartArt 工具 设计"选项卡"创建图形"组中"添加形状"按钮下方的三角按钮，在展开的列表中选择"在后面添加形状"项，如图 5-55 中图所示，即可在基准形状的后面插入新的形状，效果如图 5-55 右图所示。

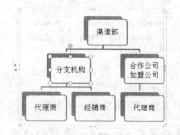 

图 5-55　添加新的形状

步骤 6▶ 在新添加的形状内输入需要的文本，如图 5-56 所示。用同样的方法添加其他需要的形状，并在其中输入相应的文本，效果如图 5-57 所示。

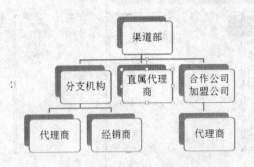
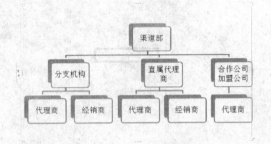

图 5-56　在新添加的形状中输入文本　　　　　图 5-57　添加其他形状并在其中输入文本

实训 14　编辑 SmartArt 图形

创建 SmartArt 图形后，我们可以根据实际需要对其进行编辑，例如移动 SmartArt 图形，更改 SmartArt 图形的尺寸，改变 SmartArt 图形的颜色等，下面我们就来介绍这些编辑方法。

【实训目的】
● 掌握各种编辑 SmartArt 图形的方法。

【操作步骤】
步骤 1▶ 与图片相同，SmartArt 图形也是以嵌入的方式插入到文档中的，若要任意移动 SmartArt 图形，可首先右键单击 SmartArt 图形的淡蓝色边框，在弹出的菜单中选择"文字环绕"菜单项，在打开列表中选择除"嵌入式"以外的任意一种环绕方式，如"浮于文字上方"，如图 5-58 所示。

步骤 2▶ 将鼠标指针放置在 SmartArt 图形的边框上，当鼠标指针变为"🐾"形状时，如图 5-59 所示，按住鼠标左键拖动，将 SmartArt 图形拖动到需要的位置。

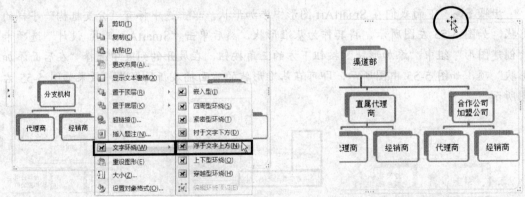

图 5-58　将 SmartArt 图形设置为浮动形式　　　　　图 5-59　拖动 SmartArt 图形

步骤 3▶ 若要更改 SmartArt 图形的尺寸，可将鼠标指针放置在 SmartArt 图形的边角上，如图 5-60 所示，当鼠标指针变为双箭头形状时，按住鼠标左键并拖动鼠标即可。

步骤 4▶ 如果要改变 SmartArt 图形的颜色，可单击"SmartArt 工具 设计"选项卡"SmartArt 样式"组中的"更改颜色"按钮，在展开的列表中选择一种颜色，例如选择"彩色-强调文字颜色 3 至 4"，如图 5-61 所示。

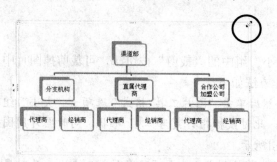

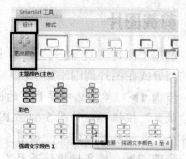

图 5-60　将鼠标指针置于 SmartArt 图形的一个角上　　　图 5-61　更改 SmartArt 图形的颜色

步骤 5▶ 若要更改 SmartArt 图形的样式，可单击"SmartArt 样式"组中的"其他"按钮，在展开的列表中选择所需的样式，如"砖块场景"，如图 5-62 左图所示，效果如图 5-62 右图所示。

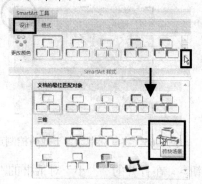

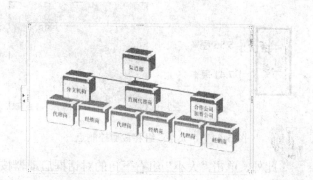

图 5-62　更改 SmartArt 图形的样式

步骤 6▶ 若要更改 SmartArt 图形的布局，可单击"SmartArt 工具 设计"选项卡"布局"组中的"其他"按钮，在展开的列表中选择需要的布局，如"水平层次结构"，如图 5-63 左图所示，效果如图 5-63 右图所示。

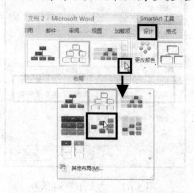

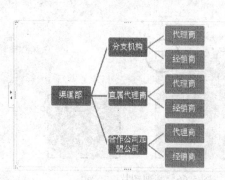

图 5-63　更改 SmartArt 图形的布局

5.5 技巧与提高

1. 剪裁图片

利用"图片工具 格式"选项卡"大小"组中的"裁剪"按钮，可裁剪掉图片中多余的部分或在图片周围添加空白，其操作方法如下。

步骤 1▶ 单击选中要裁剪的图片，然后单击"图片工具 格式"选项卡"大小"组中的"裁剪"按钮，如图 5-64 左图所示，此时鼠标指针变为""形状，同时图片周围出现 8 个黑色的裁剪控制点，如图 5-64 右图所示。

步骤 2▶ 将鼠标指针置于其中一个裁剪控制点上，如右上角的控制点上，此时鼠标指针变为"┒"形状，如图 5-65 所示，此时按住鼠标左键向图片中心拖动，待显示的黑色细线边框到达需要的位置时，如图 5-66 左图所示，释放鼠标即可，裁剪后的效果如图 5-66 右图所示。

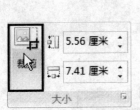 

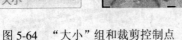

图 5-64 "大小"组和裁剪控制点 　　　 图 5-65 将鼠标指针置于裁剪控制点上

此外，单击"大小"组右下角的对话框启动器按钮，在打开的"大小"对话框的"裁剪"设置区的"左"、"右"、"上"和"下"编辑框中输入值也可裁剪图片，如图 5-67 所示。

图 5-66 裁剪图片 　　　　　　　　　 图 5-67 "大小"对话框

图片上被裁剪掉的部分并非被删除了，而是被隐藏起来。要重新显示被裁剪的内容，只需选中图片后单击"裁剪"按钮 ，将鼠标指针移至控制点上，按住鼠标左键，向图片外部拖动鼠标。

将裁剪控制点拖离至图片外部，可在图片周围添加空白。

2. 旋转图片、图形与艺术字

选中插入到文档中的图形和图片，或非嵌入型艺术字时，在其上方将显示一个绿色的圆形旋转控制点，如图 5-68 左图所示。将鼠标指针移至该控制点上，当鼠标指针变为"✧"形状时，按住鼠标左键拖动，可旋转图片、图形或艺术字。

若要精确调整它们的旋转角度，可单击相应选项卡下"排列"组中的"旋转"按钮 ，在展开的列表中选择一种旋转方式，如"向右旋转 90°"，如图 5-68 中图所示，旋转后的效果如图 5-68 右图所示。

旋转控制点

选择该列表中的"其他旋转选项"项，可利用打开的"大小"对话框，对旋转角度做更多的设置

图 5-68　旋转图片

3. 将艺术字字母设置为相同高度

若要将艺术字字母设置为相同高度，可单击"艺术字工具 格式"选项卡"文字"组中的"等高"按钮 ，如图 5-69 左图所示，则效果如图 5-69 右图所示。

aBc → aBC

图 5-69　将艺术字字母设置为相同高度

4．调整图形的叠放次序

默认情况下，Word 会根据插入图形的先后顺序确定图片的叠放层次，即先插入的图形在最下面，最后插入的图形在最上面。这样处在上层的图形就可能遮盖住下面的图形。若要调整图形的叠放次序，可右击要调整层次的图形，在弹出的菜单中选择"叠放次序"项，然后在展开的下级列表中选择一种叠放方式，如图 5-70 所示。

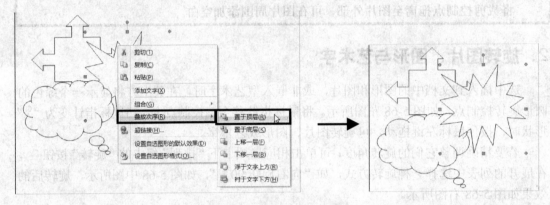

图 5-70　调整图形的叠放次序

5．设置多个图形的对齐方式

若要对齐多个图形，可选中这些图形，然后单击特定选项卡上"排列"组中的"对齐"按钮，在展开的列表中选择需要的对齐方式，如"左右居中"，如图 5-71 左图所示，效果如图 5-71 右图所示。

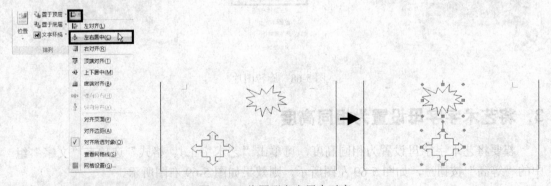

图 5-71　将图形左右居中对齐

6．使用绘图画布集中管理插入的图形

利用 Word 2007 的绘图画布功能，可以对位于绘图画布中的图形和图片统一进行管理。例如，可统一缩放绘图画布中的所有图形，当移动绘图画布时，绘图画布中的图形也随之移动。使用绘图画布的方法如下。

步骤 1▶　单击"插入"选项卡"插图"组中的"形状"按钮，在展开的列表中选择"新建绘图画布"选项，如图 5-72 左图所示，即可在文档中插入一块绘图画布，如图 5-72 右图所示。

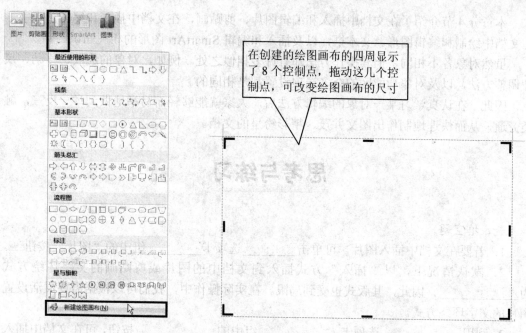

在创建的绘图画布的四周显示了 8 个控制点，拖动这几个控制点，可改变绘图画布的尺寸

图 5-72　创建绘图画布

步骤 2▶　此时，即可在画布中插入图形，或选中画布后插入图片。若在画布外绘制图形，表示不使用绘图画布。

步骤 3▶　在绘图画布的边框上右击鼠标，在弹出的快捷菜单中选择"设置绘图画布格式"选项，如图 5-73 左图所示，在打开的"设置绘图画布格式"对话框中可设置绘图画布的边框和填充颜色、画布高度、宽度等属性，如图 5-73 右图所示。

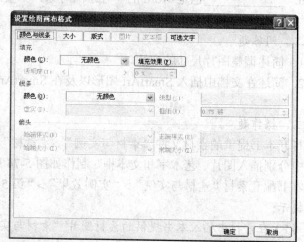

图 5-73　设置绘图画布格式

本章小结

本章分 4 节介绍了在文档中插入和编辑图片、剪贴画，在文档中插入和编辑艺术字，在文档中绘制和编辑图形、文本框，以及插入和编辑 SmartArt 图形的相关知识。

虽然对象各不相同，但其操作方法却有许多相似之处。例如，对象的选取、移动、尺寸调整方法，以及对象功能区的众多选项设置都是相同的。

因此，在认真学习某一对象的编辑方法后，大家就能够轻而易举地做到举一反三，触类旁通，从而快速地制作出图文并茂、精彩纷呈的文档。

思考与练习

一、填空题

1. 若要在文档中插入图片，可单击_____选项卡_____组中的"图片"按钮 ▨。

2. 默认情况下，以"插入"方式插入到文档中的图片或剪贴画的文字环绕方式为_____，因此，其版式也受到局限。在实际操作中，我们可以根据需要灵活设置图片的文字环绕方式。

3. 利用_____选项卡_____组中的_____按钮，可在文档中插入艺术字。

4. 利用"插入"选项卡_____组中的_____按钮，可在文档中插入各种图形。

5. 若要在图形中输入文字，可_____图形，在弹出的菜单中选择_____菜单项，然后输入需要的文字。

6. _____也是 Word 的一种绘图对象，主要用于在页面中灵活放置文本内容。

二、问答题

1. 简述调整图片尺寸的方法。

2. 简述在文档中插入 SmartArt 图形以及在 SmartArt 图形中添加形状的方法。

三、操作题

打开本书提供的素材文件"素材与实例" > "素材" > "第 5 章" > "生日贺卡.docx"，在其中分别插入图片、艺术字和文本框，制作如图 5-74 所示的生日贺卡，实例最终效果可参见本书配套素材"素材与实例" > "实例效果" > "第 5 章" > "生日贺卡最终效果.docx"。

提示：

（1）在素材中插入本书提供的素材图片"素材与实例" > "素材" > "第 5 章" > "蛋糕.jpg"，并将图片放置在适当的位置。

（2）在素材中插入艺术字文字"祝福"，并将其调整到适当的位置。

（3）在素材中插入文本框，在文本框中输入相应的文字，设置文字的格式，然后删除文本框的填充颜色和边框，并将其移至适当的位置。

图 5-74 实例效果

第6章　在 Word 中插入表格

【本章导读】

除文档编排外，Word 的表格制作功能也毫不逊色。利用 Word 不仅可以方便、快速地创建表格，还可灵活地调整表格结构，美化表格以及对表格中的数据进行一些简单的计算，本章我们就来学习这些知识。

【本章内容提要】

- ☞ 掌握创建表格的方法
- ☞ 掌握美化表格的方法
- ☞ 掌握表格的其他应用

6.1　创建与编辑表格——制作履历表

本节我们通过制作图 6-1 所示的履历表，学习如何在文档中插入表格，如何选定表格、行、列或单元格，如何调整表格的行高和列宽，如何合并和拆分单元格，以及如何插入和删除表格的行、列和单元格。实例最终效果参见本书配套素材"素材与实例" > "实例效果" > "第 6 章" > "履历表最终效果.docx"。

实训 1　插入表格

Word 提供了多种在文档中插入表格的方法。例如，我们可以利用"表格"菜单或对话框插入表格，除此之外，我们还可根据需要手动绘制表格。

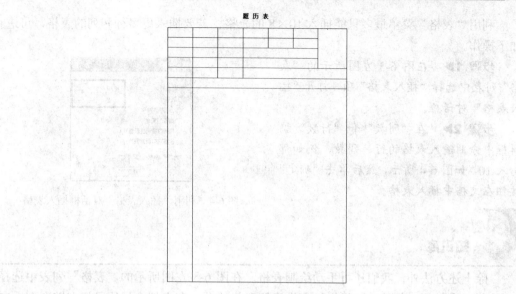

图 6-1　实例效果

【实训目的】

● 掌握在文档中插入表格的方法。

【操作步骤】

步骤 1▶　打开本书提供的素材文件"素材与实例">"素材">"第 6 章">"履历表.docx"。将光标置于要插入表格的位置，如图 6-2 所示。

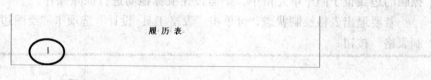

图 6-2　将光标置于要插入表格的位置

步骤 2▶　若要快速地插入表格，可单击"插入"选项卡"表格"组中的"表格"按钮，在展开的列表中拖动鼠标，设置所需的单元格数量，例如选择 7×7 表格，如图 6-3 左图所示，单击鼠标，完成插入表格操作，效果如图 6-3 右图所示。

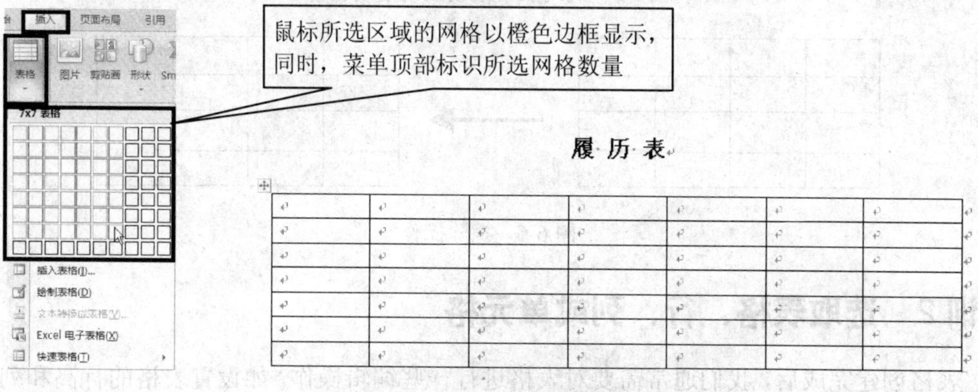

图 6-3　利用"表格"菜单插入表格

利用"表格"菜单最多只能插入 10×8 的表格，若要插入更多行和列的表格，可进行如下操作。

步骤 1▶ 在图 6-3 左图所示的"表格"列表中选择"插入表格"项，打开"插入表格"对话框。

步骤 2▶ 在"列数"和"行数"编辑框中分别输入表格的行、列数，例如都输入 10，如图 6-4 所示，然后单击"确定"按钮在文档中插入表格。

图 6-4　利用"插入表格"对话框插入表格

知识库

除上述方法外，我们还可手动绘制表格。在图 6-3 左图所示的"表格"列表中选择"绘制表格"项，此时，鼠标指针变为铅笔形状"🖉"，在文档中按住鼠标左键自左上向右下方拖动鼠标，绘制表格的外轮廓，如图 6-5 左图所示，水平或竖直拖动鼠标，可绘制表格的横行或竖列分隔线，如图 6-5 中图和右图所示。

在绘制表格的过程中，若要修改画线错误，可单击"表格工具 设计"选项卡"绘图边框"组中的"擦除"按钮，此时鼠标指针变为橡皮状"🖉"，在表格边线上按下鼠标，当有棕色粗线段覆盖要擦除的边线时，释放鼠标，完成擦除操作，如图 6-6 所示。若要擦除的边线位于两个单元格中，则需按住鼠标拖动进行擦除操作。

若要退出表格绘制状态，可单击"表格工具 设计"选项卡"绘图边框"组中的"绘制表格"按钮。

图 6-5　利用表格绘制工具绘制表格

图 6-6　擦除操作

实训 2　选取表格、行、列或单元格

表格创建完成后，我们通常需要对表格进行一些编辑操作，如设置表格的行高和列宽，

插入、合并和拆分单元格，插入与删除表格中的行与列等。但在进行这些操作前，我们需要选定表格中要操作的对象。

【实训目的】

● 掌握选取表格、行、列或单元格的方法。

【操作步骤】

步骤 **1▶** 选定表格、行、列或单元格的方法与文档选定方法相似。具体的方法请参见表 6-1。

表 6-1 选择表格、行、列与单元格的方法

选择对象	操作方法
选中整个表格	单击表格左上角的 "⊞" 符号，或者按住【Alt】键的同时双击表格内的任意位置
选中一整行	将鼠标指针移至该行左边界的外侧，待指针变成 "⌐" 形状后单击鼠标左键
选中一整列	将鼠标移至该列顶端，待指针变成 "↓" 形状后单击鼠标左键
选中当前单元格（行）	将鼠标移至单元格左下角，待指针变成 "↗" 形状后，单击鼠标左键可选中该单元格，双击则选中该单元格所在的一整行
选中多个单元格	要选择连续的单元格区域，可执行如下任意操作： ● 在要选择的第 1 个单元格中单击，然后将鼠标的 "I" 形指针移至要选择的最后一个单元格，按下【Shift】键的同时单击鼠标左键； ● 将鼠标指针置于要选择的第 1 个单元格的上方，按住鼠标左键并向其他单元格拖动，则鼠标经过的单元格均被选中； ● 按住【Shift】键，然后反复按【↑】、【↓】、【←】、【→】键； 若选择多个不连续的行、列或单元格，可在按住【Ctrl】键的同时，结合上面介绍的方法选择行、列和单元格。

图 6-7、6-8、6-9 所示分别为选中表格中的一行、一列和一个单元格。

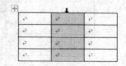

图 6-7 选取表格中的一行

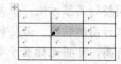

图 6-8 选取表格中的一列

图 6-9 选取一个单元格

知识库

单击"表格工具 布局"选项卡"表"组中的"选择"按钮，在弹出的列表中选择相应的选项，可选中光标当前所在的单元格、行、列及整个表格，如图 6-10 所示。

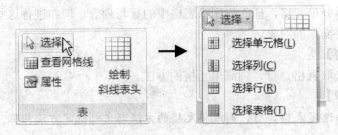

图 6-10 "选择"列表

实训 3 调整表格的行高和列宽

一般情况下，Word 会根据输入的内容自动调整表格的行高，我们也可以根据需要自行调整表格的行高和列宽，下面我们介绍一些常用的调整表格行高和列宽的方法。

【实训目的】

● 掌握调整表格行高和列宽的方法。

【操作步骤】

步骤 1▶ 下面我们来调整履历表的行高。将鼠标指针移至履历表最后一行下方的边线上，此时鼠标指针变为 "÷" 形状，如图 6-11 左图所示，按住鼠标左键向下拖动，此时显示一条虚线，如图 6-11 中图所示，然后在适当的位置释放鼠标，增加最后一行的高度，效果如图 6-11 右图所示。如果向上拖动鼠标，可缩小行高。

图 6-11 利用鼠标拖动调整表格行高

步骤 2▶ 利用拖动方法调整行高很方便，但却无法保证行高的精度。若要精确调整行高，可将光标置于要调整的一行的任意单元格中，或选中多个要进行设置的行，例如我们选中履历表的第 1~6 行，如图 6-12 所示。

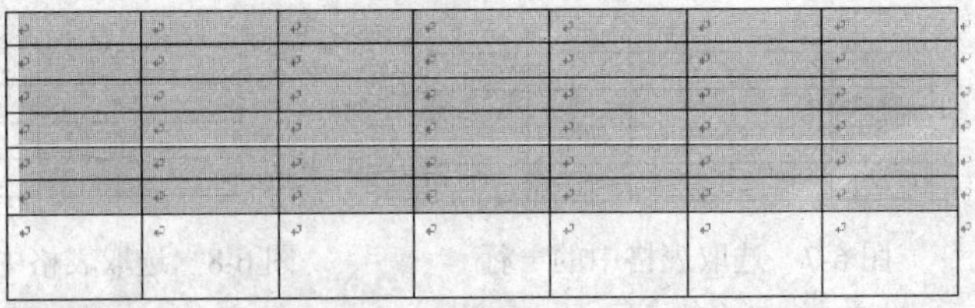

图 6-12 选取要调整高度的行

步骤 3▶ 在"表格工具 布局"选项卡"单元格大小"组中的"表格行高度"编辑框中输入具体数值，如"0.9 厘米"，如图 6-13 左图所示，并按【Enter】键确认，效果如图 6-13 右图所示。

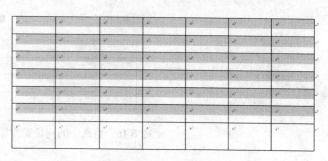

图 6-13　精确调整表格行高

步骤 4▶　下面我们来调整履历表的列宽。将光标置于表格最后一列左侧的边线上，此时鼠标指针变为"**⇥|⇤**"形状，如图 6-14 左图所示，按住鼠标左键向左侧拖动，然后在适当的位置释放鼠标左键，效果如图 6-14 右图所示。

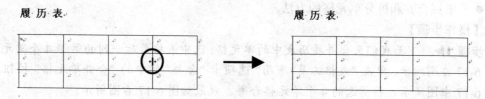

图 6-14　利用鼠标拖动调整表格列宽

步骤 5▶　若要精确调整表格的列宽，可将光标置于要调整的一行的任意单元格中，如图 6-15 左图所示，或选中多个要进行设置的列，在"单元格大小"组中的"表格列宽度"编辑框中输入具体数值，如"2.7 厘米"，如图 6-15 中图所示，并按【Enter】键确认，效果如图 6-15 右图所示。

图 6-15　精确调整表格列宽

提示

> 将鼠标指针放置在单元格的右侧边线上，待鼠标指针变为"**⇥|⇤**"形状时，双击鼠标，Word 将根据单元格中的内容自动调整表格列宽。

步骤 6▶　选中履历表的第 1~6 列，然后单击"单元格大小"组中的"分布列" 分布列 按钮，如图 6-16 左图所示，将这 6 列设置为相同的宽度，效果 6-16 右图所示。单击"分布行 分布行 按钮，可使选中的各行具有相同的高度。

履 历 表

图 6-16　将选中的列设置为等宽

实训 4　合并和拆分单元格

如果我们需要调整表格的布局，则不可避免地要使用到单元格的合并和拆分操作。即将相邻的多个单元格合并为一个单元格，或将一个或几个相邻的单元格分成多个单元格。

【实训目的】

● 掌握合并和拆分单元格的方法。

【操作步骤】

步骤 1▶ 下面我们来合并履历表中的单元格。选中表格最后一列的第 1~4 个单元格，如图 6-17 左图所示，单击"表格工具 布局"选项卡"合并"组中的"合并单元格"按钮 ，如图 6-17 中图所示，将所选的 4 个单元格合并，效果如图 6-17 右图所示。

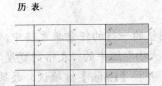

图 6-17　合并单元格

步骤 2▶ 合并其他单元格，从而获得履历表的基本框架，效果如图 6-18 所示，然后设置履历表最后一行的高度，使其下方的边线位于页面的底部，最终完成履历表的创建，效果如图 6-1 所示。

图 6-18　合并其他单元格

步骤 3▶ 若要拆分单元格，可首先将光标插入到要拆分的单元格中，如图 6-19 左图所示，或选中多个要拆分的单元格，然后单击"合并"组中的"拆分单元格"按钮 ，打开"拆分单元格"对话框。

步骤 4▶ 在"列数"和"行数"编辑框中分别输入要拆分成的列数和行数，例如输入 3 和 2，如图 6-19 中图所示，然后单击"确定"按钮，拆分后的效果如图 6-19 右图所示。

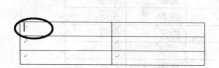

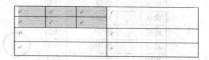

图 6-19 拆分单元格

.提 示.

利用"表格工具 设计"选项卡"绘图边框"组中的"擦除"按钮 擦除单元格之间的分界线，可快速合并单元格。

利用"绘图边框"组中的"绘制表格"按钮 在单元格内绘制行列分隔线，也可实现拆分单元格的功能。

实训 5 插入与删除表格的行、列和单元格

【实训目的】

● 掌握在表格中插入与删除行、列和单元格的方法。

【操作步骤】

步骤 1▶ 若要在表格中插入 1 行，可首先将光标定位在要插入行位置的任意单元格中，如图 6-20 左图所示，然后单击"表格工具 布局"选项卡"行和列"组中的"在下方插入"按钮，如图 6-20 中图所示，即可在光标所在位置的下方插入 1 行，效果如图 6-20 右图所示。

图 6-20 在当前单元格左侧插入 1 行

步骤 2▶ 以同样的方法，选择"在上方插入"可在光标所在位置的上方插入 1 行，选择"在左侧插入"或在"在右侧插入"，可在光标所在位置左侧或右侧插入 1 列。

.小技巧.

将光标定位在表格外侧，行的末尾，然后按下【Enter】键，可快速在表格中插入空行，如图 6-21 所示。

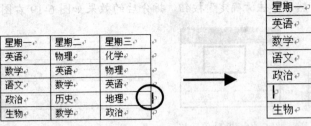

图 6-21　在表格中快速插入空行

步骤 3▶ 若要在表格中插入单元格，可将光标置于适当的单元格中，如图 6-22 左图所示，单击"行和列"组中的对话框启动器按钮，在打开的"插入单元格"对话框中选择单元格的移动方向，如"活动单元格右移"，如图 6-22 中图所示。

步骤 4▶ 单击"确定"按钮，将光标所在位置及其右侧的所有单元格均向右移动，在其左侧添加一个单元格，效果如图 6-22 右图所示。若选择"活动单元格下移"，则光标所在位置及其下方的所有单元格向下移动，在其上方添加一个单元格。

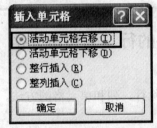

图 6-22　插入单元格

提示

若要插入多行、多列或多个单元格，可选取多个行、列或单元格，然后再执行插入命令。插入的行、列或单元格的数量与所选取的数量相同。

步骤 5▶ 若要删除表格中的行或列，可将光标插入到要删除的行或列的任意单元格中，或选取要删除的多行或多列，然后单击"行和列"组中的"删除"按钮，在展开的列表中选择"删除行"或"删除列"项，如图 6-23 所示。

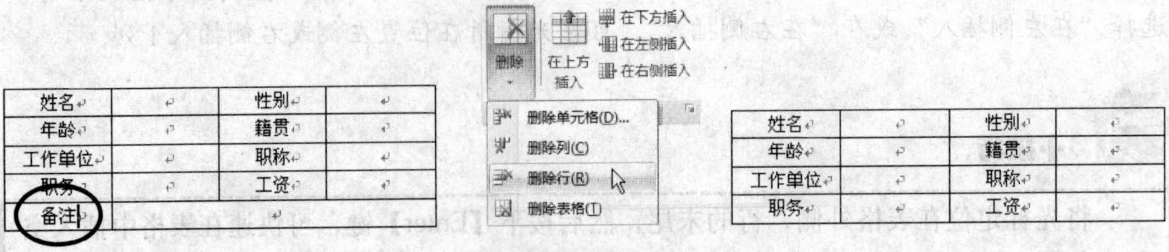

图 6-23　删除当前行

提示

利用图 6-23 中图所示"删除"列表中的"删除单元格"和"删除表格"项，可分别删除单元格和整个表格。其中，在选择"删除单元格"选项后，将打开"删除单元格"对话框，提示用户选择邻近单元格的移动方式，如图 6-24 所示。

图 6-24 "删除单元格"对话框

6.2 美化表格——美化履历表

表格创建完成后，我们可以根据需要在其中输入文字，并设置表格格式，对其进行美化。例如，设置表格中文字的字体、字号和对齐方式，以及为表格设置边框和底纹等。本节我们将通过美化上一实训中所创建的履历表来介绍这些知识，实例效果如图 6-25 所示，实例最终效果可参见本书配套素材"素材与实例">"实例效果">"第 6 章">"美化履历表最终效果.docx"。

图 6-25 实例效果

实训 6　设置表格中文字的字体、字号、对齐方式及文字方向

【实训目的】

● 掌握设置表格中文字的字体、字号、对齐方式以及文字方向的方法。

【操作步骤】

步骤 1▶ 打开本书提供的配套素材"素材与实例">"实例效果">"第 6 章">"履历表最终效果.docx",参照图 6-25 所示在履历表中输入相应的文本。在表格中输入文本的方法与在文档中输入文本相同,在此不再赘述,效果如图 6-26 所示。

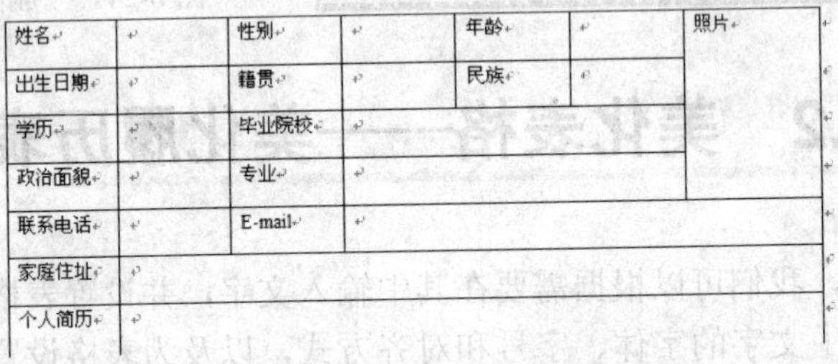

图 6-26　在表格中输入文本

步骤 2▶ 下面我们来设置表格中文字的字符格式。单击表格左上角的"✛"符号选中表格,然后在"开始"选项卡"字体"组中的"字体"和"字号"下拉列表中将所选文字设置为"华文中宋"、"小四"号字,如图 6-27 左图所示,效果如图 6-27 右图所示。

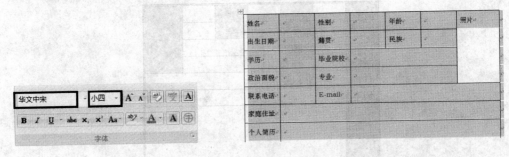

图 6-27　设置字体和字号

步骤 3▶ 若要设置文字的对齐方式,可在选中文字后,在"表格工具 布局"选项卡"对齐方式"组中选择一种对齐方式,如"水平居中",如图 6-28 左图所示,则效果如图 6-28 右图所示。

图 6-28　设置表格中文字的对齐方式

步骤 4▶ 输入表格中的文字都是水平排列的，若我们要重新设置文字的方向，可选中文本，如图 6-29 左图所示，然后单击"对齐方式"组中的"文字方向"按钮，如图 6-29 中图所示，效果如图 6-29 右图所示。

图 6-29 更改文字的方向

实训 7 设置表格的边框和底纹

默认情况下，创建的表格边线是黑色的单实线，无填充颜色，我们可以为选择的单元格或表格设置不同的边线和填充颜色，以美化表格。除此之外，Word 2007 还提供了多种表格样式，通过套用表格样式可快速改变表格外观。

【实训目的】

● 掌握为表格或单元格设置边框和底纹的方法。

【操作步骤】

步骤 1▶ 若要为表格添加边框，可首先将光标置于表格中，然后单击"表格工具 设计"选项卡"表样式"组中"边框"按钮 边框 右侧的三角按钮，在展开的列表中选择"边框和底纹"项，如图 6-30 左图所示。

步骤 2▶ 在打开的"边框和底纹"对话框中单击"网格"选项，在"样式"列表中选择一种边框样式，在"宽度"列表中设置边框的宽度，如图 6-30 右图所示。

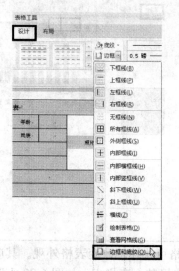

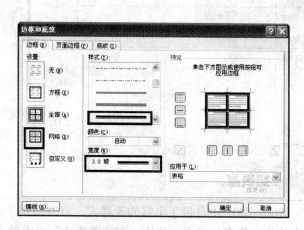

图 6-30 为表格设置边框

步骤 3▶ 单击"确定"按钮，为所选表格添加双线边框，效果如图 6-31 所示。

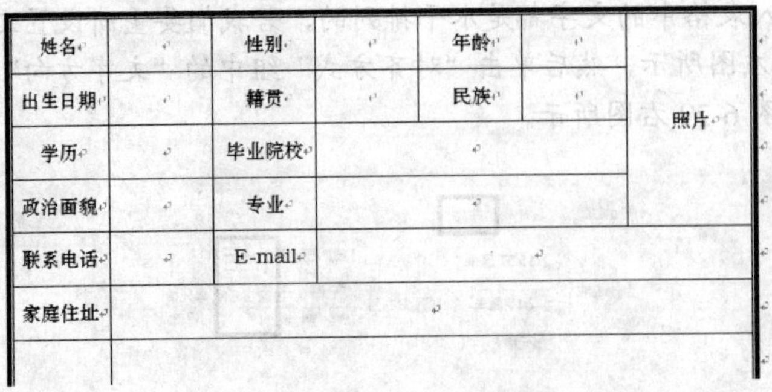

姓名		性别		年龄		
出生日期		籍贯		民族		照片
学历		毕业院校				
政治面貌		专业				
联系电话		E-mail				
家庭住址						

图 6-31　为表格设置边框后的效果

在"边框和底纹"对话框中，左侧各设置按钮的意义如下：

- **"无"**：表示取消所选区域的内外边框。
- **"方框"**：表示只设置所选区域的外部边框。
- **"全部"**：表示同时设置所选区域内部和外部边框。
- **"网格"**：表示为所选区域设置外部边框，而内部采用默认的细线边框。
- **"自定义"**：表示用户可以自定义表格的边框。

步骤 4▶ 下面我们为履历表中的部分单元格设置底纹。首先选中履历表中所有含有文字的单元格，如图 6-32 左图所示，然后单击"表样式"组中"底纹"按钮 底纹 右侧的三角按钮。

步骤 5▶ 在展开的列表中选择一种颜色，如"浅蓝"，如图 6-32 右图所示，为所选的单元格添加浅蓝色底纹，效果如图 6-25 所示，至此完成履历表的美化。

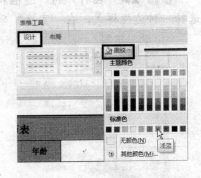

图 6-32　为表格设置底纹

知识库

Word 2007 中自带了丰富的表样式，将其应用于表格可快速地改变表格外观。其应用方法为：将光标置于表格中，在"表样式"组中单击选择某个表样式，如图 6-33 上图所示，效果如图 6-33 下图所示。或者单击表样式列表框右下角的"其他"按钮，而后在弹出的表样式列表中选择某个表样式。

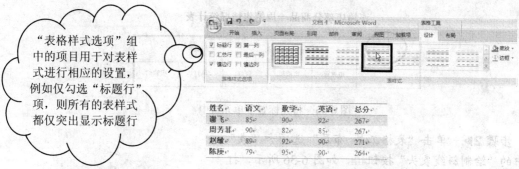

"表格样式选项"组中的项目用于对表样式进行相应的设置，例如仅勾选"标题行"项，则所有的表样式都仅突出显示标题行

图 6-33　为表格设置表样式

6.3　表格的其他应用——制作销售情况统计表

我们已经学习了在 Word 2007 中创建、编辑与美化表格的操作方法。在实际操作中，还会使用到其他一些特殊的表格应用技巧，如在表格中绘制斜线表头、表格计算、表格排序和将表格内容转换为文本等。本节我们通过制作图 6-34 所示的销售情况统计表来学习这些知识，实例最终效果参见本书配套素材"素材与实例" > "实例效果" > "第 6 章" > "销售情况统计表最终效果.docx"。

连锁店部分商品一周销售情况统计表

类别 产品 商品场	电器		灯具		
	电冰箱	电视机	台灯	吊灯	吸顶灯
第一连锁店	21	120	80	123	30
第二连锁店	30	138	65	56	60
第三连锁店	24	200	8	33	45
合计	75	458	153	212	135

图 6-34　实例效果

实训 8　绘制斜线表头

在表格中添加带有斜线的表头，可在单元格中清晰显示出表格的行、列与数据标题。下面我们就来学习其操作方法。

【实训目的】

● 掌握绘制斜线表头的方法。

【操作步骤】

步骤 1▶ 打开本书提供的素材文件"素材与实例" > "素材" > "第 6 章" > "销售情况统计表.docx"。若要在表格中添加带有斜线的表头，可首先将光标置于表格左上角的单元格中，如图 6-35 所示。

连锁店部分商品一周销售情况统计表

	电器		灯具		
电冰箱	电视机	台灯	吊灯	吸顶灯

图 6-35　将光标置于单元格中

步骤 2▶ 单击"表格工具 布局"选项卡"表"组中的"绘制斜线表头"按钮，如图 6-36 所示，打开"插入斜线表头"对话框。

步骤 3▶ 在 "表头样式"下拉列表中选择一种表头样式，如"样式三"，在"字体大小"下拉列表中选择字号，如"五号"，在"行标题一"、"行标题二"和"列标题"编辑框中分别输入"类别"、"产品"和"商场"，如图 6-37 左图所示，然后单击"确定"按钮，则效果如图 6-37 右图所示。

图 6-36　单击"绘制斜线表头"按钮

连锁店部分商品一周销售情况统计表

类别 产品 商场	电器		灯具		
	电冰箱	电视机	台灯	吊灯	吸顶灯
第一连锁店	21	120	80	123	30
第二连锁店	30	138	65	56	60
第三连锁店	24	200	8	33	45
合计					

图 6-37　绘制斜线表头

实训 9　表格计算

在 Word 中，我们可以利用公式对表格中的一些数据进行简单的计算，例如求和以及求平均值等，从而快速制作一些简单的财务报表。

【实训目的】
- 掌握表格计算的方法。
- 掌握更新运算结果的方法。

【操作步骤】

步骤 1▶ 在进行表格计算之前，我们首先来学习一下表格计算的基础知识。

在表格中可以通过输入带运算符（+、-、*、/等）的公式进行计算，也可以使用 Word 附带的函数进行较为复杂的计算。为了方便在单元格之间进行运算，在为单元格命名时，以英文字母"A，B，C……"从左至右表示列，以正整数"1，2，3，……"自上而下表示行，每一个单元格的名字则由它所在的行和列的编号组合而成，如图 6-38 所示。

	A	B	C	D
1	A1	B1	C1	D1
2	A2	B2	C2	D2
3	A3	B3	C3	D3
4	A4	B4	C4	D4

图 6-38　单元格名称示意图

下面列举了几个典型的利用单元格参数表示单元格、单元格区域或一整行（一整列）的方法。

- **"B2"**：表示位于第二行、第二列的单元格。
- **"A1:C2"**：表示以 A1 和 C2 两个单元格为对角点组成的矩形区域，包括 A1、A2、B1、B2、C1、C2 六个单元格。
- **"A1,B3"**：表示 A1 和 B3 两个单元格。
- **"1:1"**：表示整个第一行。
- **"E:E"**：表示整个第五列。

步骤 2▶ 了解了表格计算的基础知识，接下来我们利用公式对表格进行计算。首先将光标置于要放置计算结果的单元格中，如图 6-39 所示。

连锁店部分商品一周销售情况统计表

类别 产品 商场	电器		灯具		
	电冰箱	电视机	台灯	吊灯	吸顶灯
第一连锁店	21	120	80	123	30
第二连锁店	30	138	65	56	60
第三连锁店	24	200	8	33	45
合计					

图 6-39　将光标置于单元格中

步骤 3▶ 单击"表格工具 布局"选项卡"数据"组中的"公式"按钮，如图 6-40 左图所示，打开"公式"对话框，在"公式"编辑框中显示了公式：SUM(ABOVE)，表示对当前单元格上方所有单元格中的数值进行求和，如图 3-40 右图所示。

 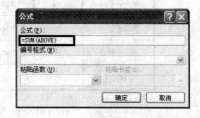

图 6-40　单击"公式"按钮并打开"公式"对话框

提 示

> 如果所选单元格位于数字列的右侧，Word 会建议使用"=SUM(LEFT)"公式，表示对该插入点左侧的所有单元格中的数值进行求和。
>
> 若要对数据进行其他运算，可删除"="以外的内容，从"粘贴函数"下拉列表中选择所需的函数，如"AVERAGE"（表示求平均值的函数），在函数后面的括号内输入要运算的参数值。

步骤 4▶ 单击"确定"按钮，完成求和计算，效果如图 6-41 所示，用同样的方法计算出其他数据结果，最终效果 6-34 所示。

连锁店部分商品一周销售情况统计表

类别 产品 商场	电器		灯具		
	电冰箱	电视机	台灯	吊灯	吸顶灯
第一连锁店	21	120	80	123	30
第二连锁店	30	138	65	56	60
第三连锁店	24	200	8	33	45
合计	75				

图 6-41　求和计算后的效果

当参与运算的单元格中的数据发生变化时，运算结果会自动更新，具体操作如下。

步骤 1▶ 修改参与运算单元格中的数据。例如，将第一连锁店的电冰箱销售记录改为 35，如图 6-42 所示。

连锁店部分商品一周销售情况统计表

类别 产品 商场	电器		灯具		
	电冰箱	电视机	台灯	吊灯	吸顶灯
第一连锁店	35	120	80	123	30
第二连锁店	30	138	65	56	60
第三连锁店	24	200	8	33	45
合计	75	458	153	212	135

图 6-42　更改单元格中的数据

步骤 2▶ 将光标放置在要更新的单元格的数据中，数据将显示灰色底纹，如图 6-43 左图所示，此时按【F9】键，即可更新数据结果，如图 6-43 右图所示。

商品场	电冰箱	电视机
第一连锁店	35	120
第二连锁店	30	138
第三连锁店	24	200
合计	75	458

商品场	电冰箱	电视机	台灯	吊灯	吸顶灯
第一连锁店	35	120	80	123	30
第二连锁店	30	138	65	56	60
第三连锁店	24	200	8	33	45
合计	89	458	153	212	135

图 6-43　更新运算结果

实训 10　表格排序

Word 可依据笔画、数字、日期和拼音等对表格内容进行排序，下面我们就来学习其具体操作方法。

【实训目的】
● 掌握表格排序的方法。

【操作步骤】

步骤 1▶ 打开本书提供的素材文件"素材与实例">"素材">"第 6 章">"成绩表.docx"。若要对表格进行排序，可首先将光标置于表格的任意单元格中，如图 6-44 所示，然后单击"表格工具 布局"选项卡"数据"组中的"排序"按钮，如图 6-45 所示，打开"排序"对话框。

姓名	语文	数学	英语	总分
谢飞	85	90	92	267
周芳菲	90	82	85	267
赵敏	89	92	90	271
陈庚	79	95	90	264

图 6-44　将光标插入到单元格中

图 6-45　单击"排序"按钮

步骤 2▶ 在"主要关键字"下拉列表中选择排序依据，如"语文"，在"类型"下拉列表中选择排序类型，如"数字"，然后确定排序的顺序，如选择"降序"单选钮，如图 6-46 左图所示，然后单击"确定"按钮，Word 将以语文成绩按从高到低的顺序对所有数据行进行排列，效果如图 6-46 右图所示。

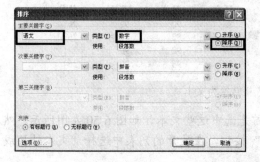

姓名	语文	数学	英语	总分
周芳菲	90	82	85	267
赵敏	89	92	90	271
谢飞	85	90	92	267
陈庚	79	95	90	264

图 6-46　表格排序

提示

　　要进行排序的表格中不能含有合并后的单元格，否则无法进行排序。

　　Word 允许以多个排序依据进行排序。如果要进一步指定排序的依据，可以在"排序"对话框的"次要关键字"和"第三关键字"下拉列表中，分别指定第二个和第三个排列依据、排序类型及排序的顺序。

　　在"排序"对话框中，如果选中"有标题行"单选钮，则排序时不把标题行算在排序范围内，否则对标题行也进行排序。

实训 11　表格与文本之间的转换

【实训目的】

● 掌握表格与文本之间转换的方法。

【操作步骤】

步骤 1▶　　打开本书提供的素材文件"素材与实例">"素材">"第 6 章">"成绩表.docx"。若要将表格转换为文本，可首先将光标置于表格的任意单元格中，如图 6-47 所示，然后单击"表格工具 布局"选项卡"数据"组中的"转换为文本"按钮，如图 6-48 所示。

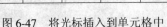

图 6-47　将光标插入到单元格中　　　　　　　图 6-48　单击"转换为文本"按钮

步骤 2▶　　在打开的"表格转换成文本"对话框中选择一种文字分隔符，如"制表符"，如图 6-49 左图所示，然后单击"确定"按钮，效果如图 6-49 右图所示。

姓名	语文	数学	英语	总分
谢飞	85	90	92	267
周芳菲	90	82	85	267
赵敏	89	92	90	271
陈庚	79	95	90	264

图 6-49　将表格转换为文本

步骤 3▶　　若要将文本转换为表格，可首先选中这些文本，如图 6-50 左图所示，然后单击"插入"选项卡"表格"组中的"表格"按钮，在展开的列表中选择"文本转换成表格"项，如图 6-50 右图所示。

姓名	语文	数学	英语	总分
谢飞	85	90	92	267
周芳菲	90	82	85	267
赵敏	89	92	90	271
陈庚	79	95	90	264

图 6-50　选中要转换为表格的文本并选择"文本转换成表格"项

步骤 4▶　在打开的"将文字转换成表格"对话框中设置表格的"列数"等参数，在这里我们保持系统默认，如图 6-51 左图所示，然后单击"确定"按钮，转换后的效果如图 6-51 右图所示。

姓名	语文	数学	英语	总分
谢飞	85	90	92	267
周芳菲	90	82	85	267
赵敏	89	92	90	271
陈庚	79	95	90	264

图 6-51　将文本转换为表格

6.4　技巧与提高

1．快速调整整个表格的尺寸

将鼠标指针置于表格的上方，此时在表格的右下角将显示一个灰色小方块□，将鼠标指针移至灰色小方块上，按住鼠标左键并拖动鼠标，在拖动到适当的位置时，释放鼠标即可快速调整表格的尺寸，如图 6-52 所示。

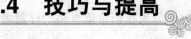

姓名		性别		
年龄		籍贯		

图 6-52　快速调整整个表格的尺寸

2．快速复制表格

要快速复制表格，可将鼠标指针移至表格上方的"⊞"符号上，此时鼠标指针变为"↖"

形状，按住【Ctrl】键的同时，按住鼠标左键拖动鼠标至目标位置，然后释放鼠标完成快速复制表格的操作。

3．设置表格在页面中的位置

若要设置表格在页面中的位置，可将光标置于表格中的任意位置，然后单击"表格工具 布局"选项卡"表"组中的"属性"按钮，如图6-53左图所示，打开"表格属性"对话框，单击该对话框中的"表格"选项卡，在"对齐方式"设置区中设置表格在页面中的位置，如"居中"，如图6-53右图所示，然后单击"确定"按钮。

图6-53 设置表格在页面中的位置

4．制作跨页表头

当表格需要跨页放置时，如果我们希望表格的标题会显示在每一页表格的第一行，可执行如下操作。

选中标题行，单击"表格工具 布局"选项卡"数据"组中的"重复标题行"按钮，则标题行将自动显示在每页表格的第一行，如图6-54所示。

姓名	语文	数学	英语	政治	历史	地理	生物
谢飞	85	90	92	85	75	80	82
周芳菲	90	82	85	90	86	78	90

姓名	语文	数学	英语	政治	历史	地理	生物
赵敏	89	92	90	83	92	80	86
陈庚	79	95	90	88	79	83	89

图6-54 制作跨页表头

5．快速拆分表格

要快速拆分表格，可首先将光标置于需要拆分的位置，然后单击"表格工具 布局"选项卡"合并"组中的"拆分表格"按钮，即可将表格一分为二，如图6-55所示。

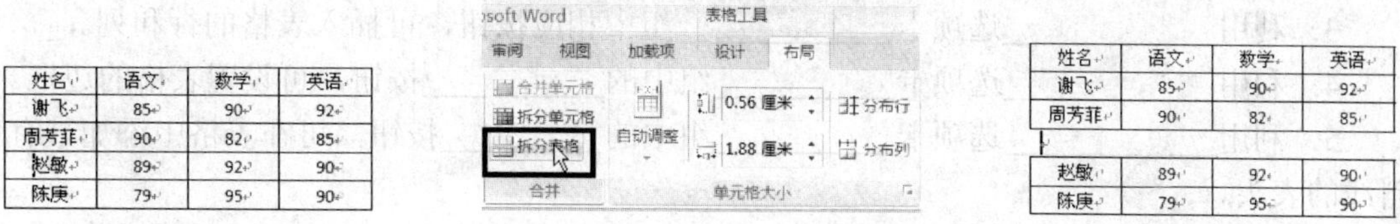

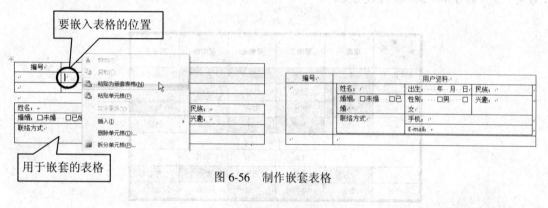

图 6-55　拆分表格

6. 制作嵌套表格

若要制作嵌套表格，可首先右击用于嵌套的表格左上角的"⊞"符号，在弹出的菜单中选择"复制"项复制该表格，然后在另一表格中需要嵌入表格的位置右击，在弹出的菜单中选择"粘贴为嵌套表格"项，如图 6-56 左图所示，则制作的嵌套表格如图 6-56 右图所示。

图 6-56　制作嵌套表格

本章小结

本章主要学习了表格的创建、编辑及美化的方法，以及绘制斜线表头、表格计算、表格排序等表格应用技巧。其中，绘制和编辑表格是本章的重点，读者应熟练掌握并灵活运用。另外，表格的排序和计算是 Word 中表格应用的难点，但并不作为重点，若要制作更专业的表格，使用 Office 系列中的 Excel 软件更为高效和便捷。

思考与练习

一、填空题

1. 若要选中整个表格，可单击表格左上角的"⊞"符号，或者按住_____键的同时双击表格内的任意位置。

2. 利用_____选项卡_____组中的_____按钮，可将多个单元格合并为一个单元格。

3．利用＿＿＿＿＿＿选项卡＿＿＿＿＿＿组中相应按钮，可插入表格的行和列。

4．利用＿＿＿＿＿＿选项卡＿＿＿＿＿组中的＿＿＿＿按钮，可设置表格的边框。

5．利用＿＿＿＿＿＿选项卡＿＿＿＿组中的＿＿＿＿按钮，可在表格中添加带有斜线的表头。

二、问答题

1．简述在文档中插入表格的几种方法。

2．简述调整表格行高和列宽的方法。

三、操作题

创建图 6-57 所示的课程表。实例最终效果参见本书配套素材"素材与实例"＞"实例效果"＞"第 6 章"＞"课程表.docx"。

课 程 表

节次\星期	星期一	星期二	星期三	星期四	星期五
1	语文	英语	数学	化学	语文
2	数学	语文	物理	英语	物理
3	英语	物理	政治	语文	数学
4	政治	数学	化学	语文	地理
午休					
5	历史	体育	音乐	政治	历史
6	化学	地理	语文	数学	美术
7	自习	自习	英语	体育	自习

图 6-57　课程表

提示：

（1）在文档中插入一个 6 列 9 行的表格。

（2）适当调整表格的行高和列宽。

（3）根据需要合并单元格。

（4）绘制斜线表头，完成课程表框架的创建。

（5）在绘制的课程表中输入文字，并设置文字的格式。

（6）为课程表添加双线边框，并为含有相同课程的单元格填充同一种颜色。

第 7 章　长文档的处理

【本章导读】

在这一章我们将学习与处理长文档有关的知识。例如，如何使用大纲视图构建文档大纲，如何使用主控文档组织子文档，如何为文档编制目录和索引，以及如何为文档添加脚注和尾注等。

【本章内容提要】

- ☞ 掌握使用大纲视图构建文档大纲的方法
- ☞ 掌握使用主控文档组织子文档的方法
- ☞ 掌握编制目录与索引的方法
- ☞ 掌握使用脚注和尾注的方法

7.1　使用大纲视图构建文档——编写论文

大纲视图非常适合编写和修改具有多级标题的文档，使用大纲视图不仅可以直接编写文档标题、修改文档大纲，还可以很方便地查看文档的结构，以及重新安排文档中标题的次序。另外，在大纲模式下，可以使用主控文档来组织子文档，从而解决由于文档较长，内容较多，导致保存时间长，程序运行速度慢等问题。

本节我们通过编写论文来介绍相关的知识。实例最终效果参见本书配套素材"素材与实例" > "实例效果" > "第 7 章" > "论文（使用大纲视图构建文档最终效果）.docx"。

实训 1 使用大纲视图构建文档大纲

当我们完成对一篇文档的构思后，最好先把该文档的大纲建好，以方便后期的写作。

【实训目的】

● 掌握使用大纲视图构建文档大纲的方法。

【操作步骤】

步骤 1▶ 新建一个文档，单击"视图"选项卡"文档视图"组中的"大纲视图"按钮 ⬚，如图 7-1 左图所示，进入大纲视图模式，如图 7-1 右图所示。

图 7-1 切换到大纲视图

步骤 2▶ 输入标题文本"现代新经济学革命思考"，如图 7-2 左图所示，然后按下【Enter】键换行，输入下一个标题文本"一、经济学上的权威崇拜及传统经济学的困境"，然后以同样的方法输入其他标题文本，效果如图 7-2 右图所示。

图 7-2 输入标题文本

步骤 3▶ 默认情况下，大纲视图中输入的标题均为 1 级（即最高级）标题，若要将标题文本降为 2 级，可首先将光标置于要降级的标题中，或选中多个要降级的标题，然后在"大纲工具"组中单击一次"降级"按钮 ⬚，如图 7-3 左图所示，则效果如图 7-3 右图所示。

图 7-3 将部分标题文本降为 2 级

步骤 4▶ 若要将部分标题文本降低为 3 级，可将它们选中，然后单击 2 次 "降级" 按钮，或单击 "大纲级别" 右侧的三角按钮，在展开的列表中选择 "3 级"，如图 7-4 左图所示，则效果如图 7-4 右图所示。

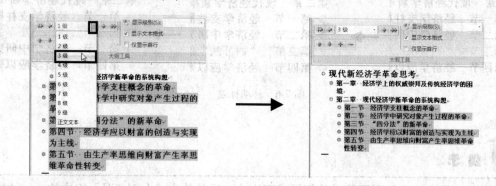

图 7-4 将部分标题文本降为 3 级

 提 示

另外，单击 "大纲工具" 组中的 "升级" 按钮，可提高标题级别；单击 "提升至标题 1" 按钮，可将所选标题提升为 1 级标题；单击 "降级为正文" 按钮，可将内容降级为正文。

用键盘改变标题级别的方法是，将光标置于要改变级别的标题行中，或选中多个要改变级别的标题，然后直接按【Tab】(或【Shift+Tab】)键，每按一次【Tab】(或【Shift+Tab】)键，标题就降低（或提升）一个级别。

步骤 5▶ 在大纲视图下，若要为标题添加相应的正文，可将光标置于该标题的后面，按【Enter】键开始新的段落，单击 "大纲工具" 组中的 "降级为正文" 按钮，然后输入内容。例如我们为标题 "现代新经济学革命思考" 添加正文，效果如图 7-5 所示。

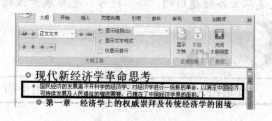

图 7-5 在标题下输入正文

 提 示

我们也可在文档大纲构建完成后，切换到普通视图方式或页面视图方式下添加文本。此时，按【Enter】键开始的新段落将自动应用正文级别。

步骤 6▶ 若要调整大纲视图中标题及正文的位置，可将鼠标指针移至标题前的 "⊕"、"⊖" 符号或正文前的 "●" 符号上，此时，鼠标指针变为 "✛" 形状，如图 7-6 左图所示，

按住鼠标左键拖动，拖动时会出现一条带"▶"符号的水平线，如图7-6中图所示，将标题或正文拖动至目标位置时释放鼠标，效果如图7-6右图所示。

第二章··现代经济学新章
　⊖ 第一节··经济学支柱概
　⊖ 第二节··经济学中研究
　⊕ 第三节··"四分法"的
　⊖ 第四节··经济学应以则

➡

第二章··现代经济学新章
　⊖ 第一节··经济学支柱概
　⊖ 第二节··经济学中研究
　⊖ 第三节··"四分法"的
　⊖ 第四节··经济学应以则

➡

第二章··现代经济学新章
　⊖ 第一节··经济学支柱概
　⊖ 第三节··"四分法"的
　⊖ 第二节··经济学中研究
　⊖ 第四节··经济学应以则

图 7-6　移动标题

·提 示·

　　另外，将光标定位到要移动的标题或正文中，反复单击"大纲工具"组中的 ⬆ ⬇ 按钮，也可上下移动标题或正文。

　　在大纲视图中移动标题时，该标题下的所有下级标题及正文文本将一起被移动。

　　步骤7▶ 若要控制大纲视图的显示，可利用"大纲工具"组中的按钮进行操作，相关按钮的作用如下。

- 显示级别(S)：：设置显示的标题级别。设置显示级别后，文档中将显示所选级别及所有更高级别的标题。
- ➕ ➖：用于展开或折叠所选标题内容。
- ☑ 显示文本格式：控制是否显示文本格式。
- ☐ 仅显示首行：只显示各段的首行文字。

　　另外，当标题包含有次级标题或正文内容时，标题前面的"⊖"号会变为"⊕"号，反复双击各标题前的"⊕"符号，也可展开或折叠标题下的文字。

·知识库·

　　要退出大纲视图，可单击"关闭"组中的"关闭大纲视图"按钮。

实训 2　使用主控文档组织子文档

　　为了避免由于篇幅较长给文档处理带来的麻烦，我们可将文档的组成部分保存为若干个文档，然后在大纲视图中将它们组织在某一文档中，该文档被称为主控文档，组织在其中的文档被称为子文档。由于子文档与主控文档之间只是建立了链接关系，而每个子文档是独立存在的，所以用户可单独对某一子文档进行编辑，主控文档中相应的子文档也同时得到更新。

　　【实训目的】
- 掌握创建子文档以及保存主控文档和子文档的方法。

- 掌握在主控文档中插入子文档的方法。
- 掌握打开、编辑与锁定子文档的方法。
- 掌握将子文档合并到主控文档中，以及删除子文档的方法。

【操作步骤】

步骤 1▶　打开本书提供的素材文件"素材与实例">"实例效果">"第 7 章">"论文（使用大纲视图构建文档大纲）.docx"，以其作为主控文档，然后切换到大纲视图。

步骤 2▶　将光标放置在要创建为子文档的标题位置，单击"大纲"选项卡"主控文档"组中的"显示文档"按钮，展开该组，然后单击"创建"按钮，如图 7-7 所示。

图 7-7　定位光标并单击"创建"按钮

步骤 3▶　此时，所选标题周围显示了一个灰色细线方框，其左上角显示了一个子文档标记"▤"，如图 7-8 所示，表示该标题及其下级标题和正文内容，成为该主控文档的子文档。

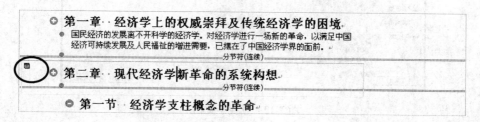

图 7-8　创建子文档

步骤 4▶　将光标移至该标题下方的"●"标记后，输入正文内容，如图 7-9 所示。

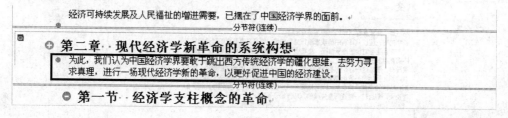

图 7-9　输入文本

步骤 5▶　将该文档另存为"论文（创建子文档）.docx"，Word 在保存主控文档的同时，会自动保存创建的子文档并自动为其命名，如图 7-10 所示。

图 7-10 保存主控文档并创建子文档

步骤 6▶ 在主控文档中，还可以插入一个已有文档作为子文档。这样就可以用主控文档将已经编辑好的文档组织起来。其方法为：将光标放置在要插入子文档的位置，展开"主控文档"组，单击"插入"按钮，如图 7-11 所示，打开"插入子文档"对话框。

图 7-11 插入光标并单击"插入"按钮

步骤 7▶ 找到文件所在的位置并选取要插入的文档，例如，我们选取本书提供的素材文件"素材与实例" > "素材" > "第 7 章" > "第三章.docx"，如图 7-12 所示。

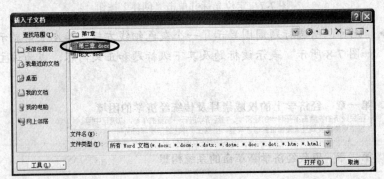

图 7-12 查找子文档

步骤 8▶ 单击"打开"按钮，将所选文档插入到主控文档中，效果如图 7-13 所示。

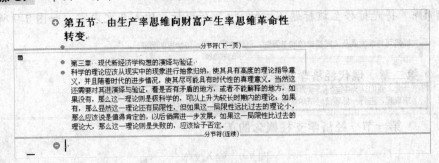

图 7-13 插入文档

步骤 9▶ 保存并关闭主控文档后，再次将其打开时，其中的子文档会以超级链接的形式显示，如图 7-14 所示，若要在主控文档中展开子文档，可在大纲视图模式下展开"主控文档"组，单击该组中的"展开子文档"按钮，如图 7-14 所示，效果如图 7-15 所示。此时，"展开子文档"按钮显示为"折叠子文档"按钮，单击该按钮可将子文档折叠。

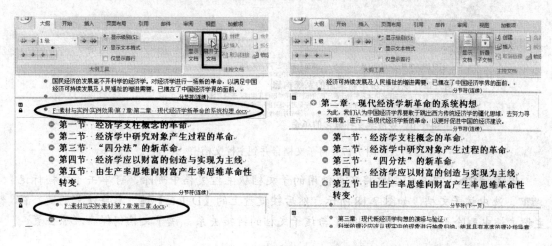

图 7-14　以超链接形式显示子文档　　　　　　图 7-15　展开子文档

步骤 10▶　若要编辑子文档，除了在 Word 程序中直接打开外，还可在按住【Ctrl】键的同时单击以超链接形式显示的子文档名称，或者当子文档处于展开状态时，双击该子文档的"🗐"标记。

小技巧

当子文档已经被打开，主控文档中展开的子文档处于锁定状态，子文档标记"🗐"的下方显示锁型标记"🔒"，此时，不能在主控文档中对该子文档进行编辑。

另外，为防止对主控文档和子文档的误操作，我们可将它们锁定。方法是，将光标放置在主控文档或要锁定的子文档中，单击"主控文档"组中的"锁定文档"按钮，如图 7-16 所示，再次单击该按钮可解除锁定。

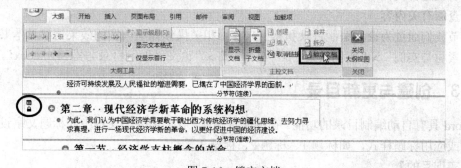

图 7-16　锁定文档

步骤 11▶　子文档与主控文档之间只是建立了链接关系，为了防止子文档丢失，我们可以将其合并到主控文档中。其方法为：在主文档中展开要合并的子文档，并将光标置于该子文档中，单击"主控文档"组中的"取消链接"按钮，效果如图 7-17 所示。

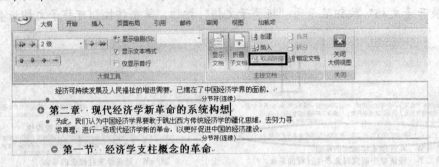

图 7-17　将子文档合并到主控文档中

步骤 12▶　若我们需要将不再使用的子文档从主控文档中删除，可单击子文档标记"🖫"，选中该子文档，如图 7-18 所示，然后按键盘上的【Delete】键。需要注意的是，在主控文档中删除子文档，只是删除了与该子文档的链接关系，该子文档仍保存在原位置。

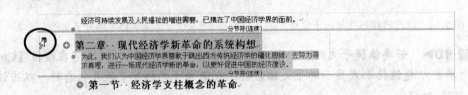

图 7-18　删除子文档

7.2　编制目录与索引——编制论文目录与索引

目录的作用是列出文档中的各级标题及其所在的页码。一般情况下，所有的正式出版物都有一个目录，其中包含书刊中的章、节及各章节的页码位置等信息，方便读者查阅。所以编制目录是编辑长文档中一项非常重要的工作。

索引就是将文档中的关键字、词、短语等提取出来，注明其出处和页码，以方便读者快速地查阅有关内容。

本节我们通过为论文编制目录和索引来介绍相关操作知识，实例效果请参见本书配套素材"素材与实例" > "实例效果" > "第 7 章" > "论文（编制目录与索引）.docx"。

实训 3　创建与更新目录

Word 具有自动编制目录的功能。在编制目录前，我们需要为文档中的标题文字设置标题级别或应用标题样式，如标题 1、标题 2、标题 3 等。

【实训目的】

● 　掌握创建与更新目录的方法。

【操作步骤】

步骤 1▶　打开本书提供的素材文件"素材与实例" > "素材" > "第 7 章" > "论文.docx"。

若要为文档创建目录，可将光标置于要插入目录的位置，例如我们将光标置于文档的开头，如图 7-19 所示。

现代新经济学革命思考

图 7-19 将光标插入到文档开头处

步骤 2▶ 单击"引用"选项卡"目录"组中的"目录"按钮，在展开的列表中选择一种目录样式，如"自动目录 1"，如图 7-20 左图所示，在所选位置插入目录，效果如图 7-20 右图所示。

图 7-20 创建文档的目录

**·提 示·**

若要在包含子文档的主控文档中创建目录，应首先将子文档展开，然后再进行创建。
另外，由于目录和章节标题之间建立了链接关系，所以，我们只要单击目录中的某个标题条目，就可以跳转到该标题内容所在的页面。

步骤 3▶ 若要自定义目录的样式，可在如图 7-20 左图所示的"目录"列表中选择"插入目录"项，打开如图 7-21 所示的"目录"对话框，在该对话框中对目录的样式进行定义。

步骤 4▶ 创建目录后，如果对文档内容进行了修改，导致标题内容或页码发生了变化，就需要对目录内容进行更新，为此，可单击需要更新目录区域的任意位置，此时，该区域左上角显示出选项，如图 7-22 左图所示。

选中此复选框，表示
在目录中每一个标题
后面将显示页码

在此选择标题与页
码之间的连接符

在此选择目录格式

在此选择需要显示
的目录级别

利用该按钮
可修改内置
的目录样式

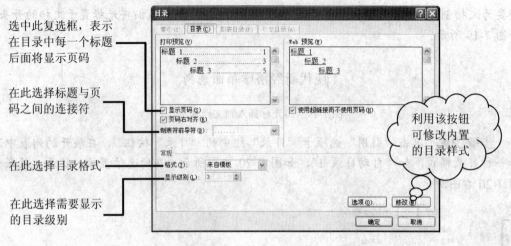

图 7-21　"目录"对话框

步骤 5▶　单击"更新目录"选项，打开"更新目录"对话框，选择要执行的操作，如"更新整个目录"，如图 7-22 右图所示，单击"确定"按钮，完成目录的更新。

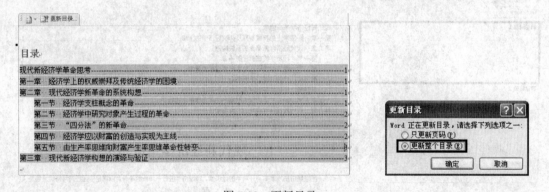

图 7-22　更新目录

提示

在目录区域单击鼠标，然后按【F9】键，也可执行更新目录的操作。

若要删除在文档中插入的目录，可单击"目录"列表底部的"删除目录"项，或选中目录后按【Delete】键。

实训 4　标记、创建与更新索引

索引的创建方法与目录相似。在创建索引之前，我们需要标记出索引项（即关键字），然后再将其提取出来。

【实训目的】

● 掌握标记索引项，以及创建与更新索引的方法。

【操作步骤】

步骤 1▶　打开本书提供的素材文件"素材与实例">"实例效果">"第 7 章">"论文（创建与更新目录）.docx"。选中要作为索引项的文本，例如我们选中词"'四分法'"，如图 7-23 所示。

・第三节　"四分法"的新革命

　　萨伊把政治经济学划分为生产、分配和消费三部分，后来詹姆斯 穆勒在萨伊的划分之外又添加了交换

图 7-23　选中要作为索引项的文本

步骤 2▶　单击"引用"选项卡"索引"组中的"标记索引项"按钮，如图 7-24 所示，打开"标记索引项"对话框，此时，选中的内容出现在"主索引项"编辑框中，"选项"设置区中的"当前页"项处于选中状态，在"页码格式"设置区中选择"加粗"项，如图 7-25 所示。

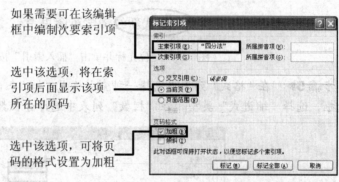

如果需要可在该编辑框中编制次要索引项

选中该选项，将在索引项后面显示该项所在的页码

选中该选项，可将页码的格式设置为加粗

图 7-24　单击"标记索引项"按钮　　　　　　　图 7-25　"标记索引项"对话框

步骤 3▶　单击"标记"按钮，标记选中的文本，此时，该文本右侧将显示索引标记，如图 7-26 所示。若要标记文档中所有与选中文本一致的文本，可单击"标记全部"按钮；若要将其他文本作为索引项并添加索引标记，可保持"标记索引项"对话框的打开状态，选中其他要标记的文本，然后在"标记索引项"对话框中的"主索引项"编辑框中单击鼠标，再单击"标记"按钮进行标记，标记结束关闭"标记索引项"对话框。

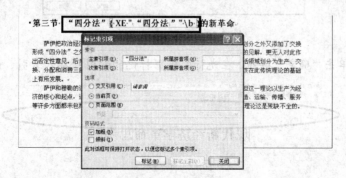

图 7-26　标记索引项

.提 示.

如未显示索引标记，可单击"开始"选项卡"段落"组中的"显示/隐藏编辑标记"按钮。

步骤 4▶ 标记好索引项后，就可以在文档中创建索引了。将光标置于要插入索引的位置，例如我们将其置于文档的开头处，然后单击"索引"组中的"插入索引"按钮，如图 7-27 所示，打开"索引"对话框。

图 7-27 定位光标并单击"插入索引"按钮

步骤 5▶ 在"格式"列表中选择一种索引格式，如"来自模板"，选中"页码右对齐"复选框，选择"缩进式"类型，在"栏数"列表中选择分栏数，如 1，如图 7-28 所示。

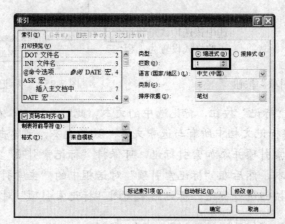

图 7-28 "索引"对话框

步骤 6▶ 单击"确定"按钮，在光标处根据标记的索引项插入索引，如图 7-29 所示。

图 7-29 插入索引

步骤 7▶ 如果更改了索引项或索引项所在的页码发生了变化，就需要更新索引。为此，可单击索引，然后单击"索引"组中的"更新索引"按钮，如图 7-30 所示，或按【F9】键。

现代新经济学革命思考

图 7-30 更新索引

> 若在索引中发现错误，找到要更改的索引标记，进行更改，然后更新索引。
> 若是在包含子文档的主控文档中创建索引，则在插入或更新索引之前展开子文档。
> 若要删除索引标记，可选择整个索引标记，包括括号"{}"，然后按【Delete】键。

7.3 脚注和尾注——为论文添加脚注和尾注

脚注和尾注的作用完全相同，都是对文档中文本的补充说明，如单词解释、备注说明或提供文档的引文来源等。

通常情况下，脚注位于页面底端，用来说明每页中要注释的内容。尾注一般列于文档结尾处，用来集中解释文档中要注释的内容或标注文档的参考文献等。

下面通过在论文中插入脚注和尾注，来介绍有关知识。实例最终效果请参见本书配套素材"素材与实例"＞"实例效果"＞"第 7 章"＞"论文（脚注和尾注）.docx"。

实训 5　添加脚注和尾注

脚注和尾注都由两个关联的部分组成，即注释引用标记及相应的注释文本。注释引用标记出现在正文中，一般是一个上标字符，用来表示脚注或尾注的存在。Word 会自动对脚注或尾注进行编号，在添加、删除或移动注释时，Word 将对注释引用标记重新编号。

【实训目的】

● 掌握为文档添加脚注和尾注的方法。

【操作步骤】

步骤 1▶　打开本书提供的素材文件"素材与实例"＞"实例效果"＞"论文（编制目录与索引）.docx"。若要为文档添加脚注，可单击要插入脚注标记的位置，然后单击"引用"选项卡"脚注"组中的"插入脚注"按钮 ，如图 7-31 所示。

图 7-31　定位光标并单击"插入脚注"按钮

步骤 2▶　此时，在单击位置显示脚注引用标记，光标跳转至页面底端的脚注编辑区，即可输入需要的注释文本，如图 7-32 所示，用同样的方法可继续在文档中插入其他脚注。

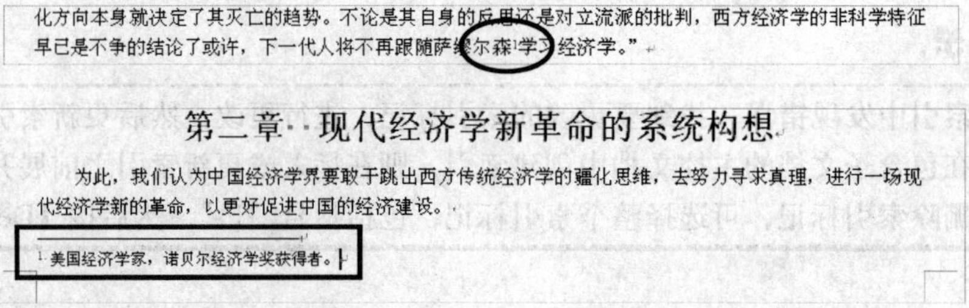

图 7-32　在文档中插入脚注

知识库

> 按【Ctrl+Alt+F】键可快速插入脚注。

步骤 3▶　若要对脚注的格式进行设置，可单击"脚注"组右下角的对话框启动器按钮，在打开的"脚注和尾注"对话框中进行设置，如图 7-33 所示。

在此下拉列表中可设置脚注显示的位置

在"编号格式"下拉列表中设置编号格式

要使用自定义标记代替传统的编号格式，可单击"自定义标记"右侧的"符号"按钮，然后从可用的符号中选择标记

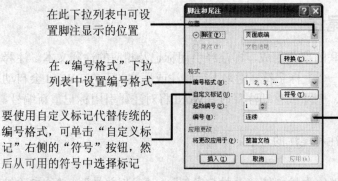

在"编号"下拉列表中可设置编号方式，如选择"连续"，则整个文档中所有的脚注连续编号；如选择"每节重新编号"，则每节中的脚注连续编号，不同的节则重新编号；如选择"每页重新编号"，则每页中的脚注连续编号，不同的页则重新编号

图 7-33　"脚注和尾注"对话框

步骤 4▶　若要为文档中的内容添加尾注，可单击要插入尾注的位置，然后单击"脚注"组中的"插入尾注"按钮，如图 7-34 所示。

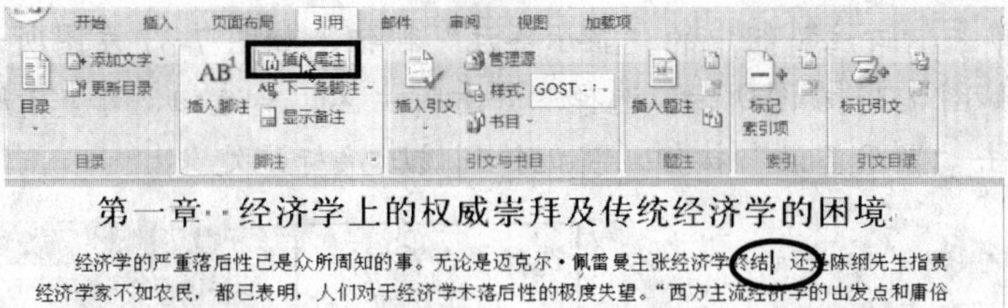

图 7-34　定位光标并单击"插入尾注"按钮

步骤 5▶　此时在光标所在位置显示尾注标记，光标跳转至文档结束位置的尾注编辑区，输入尾注文本，添加尾注后的效果如图 7-35 所示。

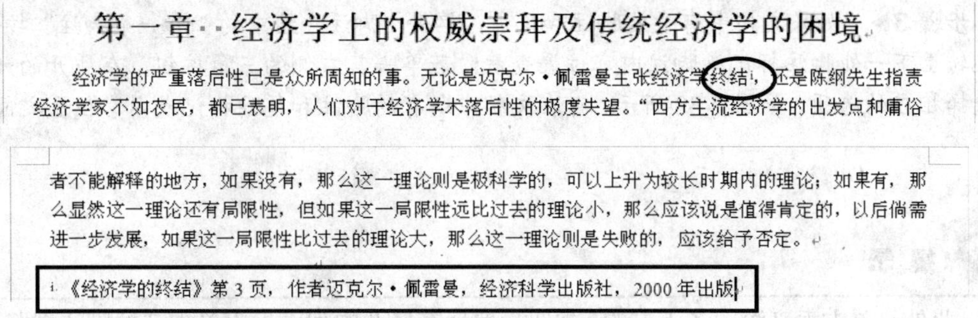

第一章··经济学上的权威崇拜及传统经济学的困境

经济学的严重落后性已是众所周知的事。无论是迈克尔·佩雷曼主经济学终结，还是陈纲先生指责经济学家不如农民，都已表明，人们对于经济学术落后性的极度失望。"西方主流经济学的出发点和庸俗

者不能解释的地方，如果没有，那么这一理论则是极科学的，可以上升为较长时期内的理论；如果有，那么显然这一理论还有局限性，但如果这一局限性远比过去的理论小，那么应该说是值得肯定的，以后倘需进一步发展，如果这一局限性比过去的理论大，那么这一理论则是失败的，应该给予否定。

《经济学的终结》第 3 页，作者迈克尔·佩雷曼，经济科学出版社，2000 年出版

图 7-35　添加尾注后的效果

.提·示.

　单击"脚注"组中的对话框启动器按钮，在打开的"脚注和尾注"对话框中可自定义尾注的格式。

　另外，按【Ctrl+Alt+D】键可以快速插入尾注。

实训 6　查看与编辑脚注和尾注

【实训目的】
● 掌握查看与编辑脚注和尾注的方法。

【操作步骤】

步骤 1▶　若用户要在浏览文档正文时查看脚注或尾注中的注释内容，可将鼠标指针移至脚注或尾注标记上，此时鼠标指针变为"🔲"形状，并且标记旁将出现浮动窗口，显示注释内容，如图 7-36 所示。

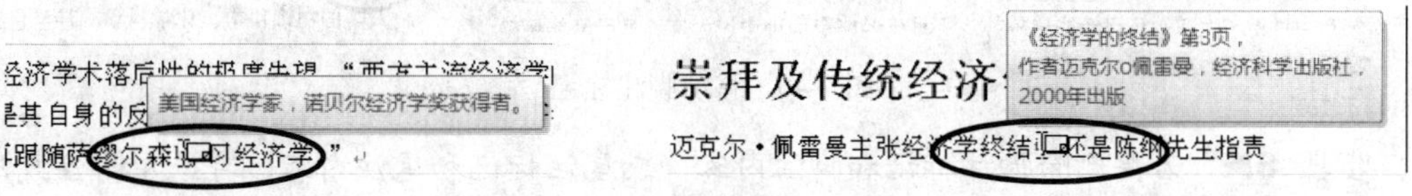

经济学术落后性的极度失望。"西方主流经济学
息其自身的反		美国经济学家，诺贝尔经济学奖获得者。
跟随萨缪尔森□（经济学》"

《经济学的终结》第3页，作者迈克尔o佩雷曼，经济科学出版社，2000年出版

崇拜及传统经济

迈克尔·佩雷曼主张经济学终结□还是陈纲先生指责

图 7-36　查看脚注、尾注

步骤2▶ 单击"脚注"组中的"显示备注"按钮，如图 7-37 左图所示，打开"查看脚注"对话框，如图 7-37 右图所示，选择"查看脚注区"单选钮，可查看脚注区中某条脚注内容，再次单击"显示备注"按钮，将跳转到该脚注标记处。

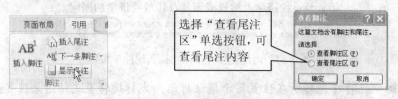

选择"查看尾注区"单选按钮，可查看尾注内容

图 7-37 单击"显示备注"按钮打开"查看脚注"对话框

步骤3▶ 如果文档中有多处脚注和尾注，单击"脚注"组中的"下一条脚注"按钮，可跳转至下一处脚注标记或脚注内容位置查看；若单击其右侧的三角按钮，在展开的列表中选择相应的选项，如图 7-38 所示，可在文档中所有的脚注和尾注标记或内容位置之间跳转。

提示

此外，单击垂直滚动条下方的 按钮，然后在展开的列表框中单击"按脚注浏览"图标 或"按尾注浏览"图标 ，如图 7-39 所示，然后单击该按钮上方的 按钮或下方的 按钮，也可以方便地在脚注或尾注标记间跳转，查找要查看的脚注。

图 7-38 查看上一条或下一条脚注或尾注　　　　　图 7-39 浏览脚注或尾注

步骤4▶ 若要编辑脚注或尾注的内容，可双击文档中的脚注或尾注标记，跳转至该脚注或尾注内容所在的位置，然后对脚注和尾注的内容进行编辑，编辑方法与编辑普通文本完全一样，并且可以使用各种格式来格式化脚注或尾注文本。

步骤5▶ 若要移动脚注或尾注标记的位置，可首先拖动鼠标选中该脚注或尾注标记，然后将其拖动到新位置，如图 7-40 所示。

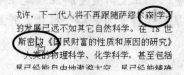

图 7-40 移动脚注标记

步骤6▶ 若要删除脚注标记和脚注内容，或尾注标记和尾注内容，可选中脚注或尾注标记后按【Delete】键。

实训 7 转换脚注和尾注

【实训目的】

● 掌握转换脚注或尾注的方法。

【操作步骤】

步骤 1▶ 若要对所有脚注和尾注进行转换，可单击"脚注"组右下角的对话框启动器按钮 ，在打开的"脚注和尾注"对话框中单击"转换"按钮，如图 7-41 左图所示，打开"转换注释"对话框，在该对话框中选择要进行的操作，如"脚注全部转换成尾注"，如图 7-41 右图所示，单击"确定"按钮，然后关闭"脚注和尾注"对话框。

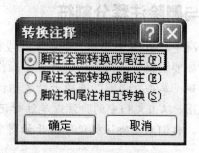

图 7-41 "脚注和尾注"对话框和"转换注释"对话框

步骤 2▶ 若只是转换个别的脚注或尾注，可将光标置于要进行转换的脚注或尾注内容中，右击鼠标，从弹出的快捷菜单中选择"转换为尾注"或者"转换为脚注"菜单，如图 7-42 所示。

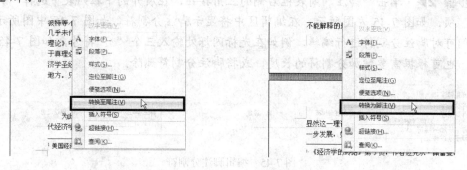

图 7-42 转换个别脚注和尾注

7.4 技巧与提高

1. 取消目录内容与文档内容的链接

要取消目录与正文的链接关系，可在创建目录时，在"目录"对话框中取消"使用超

链接而不使用页码"复选框的选中状态，如图 7-43 所示，也可在选中目录内容后按
【Ctrl+Shift+F9】键。

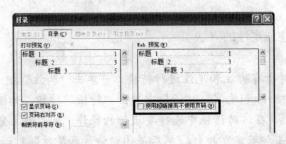

图 7-43 "目录"对话框

2. 修改与删除注释分割符

一般情况下，Word 中显示一条水平线段将文档正文与脚注或尾注区域分开，这就是注
释分割符。如要编辑分隔符，可进行如下操作。

步骤 1▶ 单击"视图"选项卡"文档视图"组中的"普通视图"按钮，将文档切
换到普通视图，双击文档中的脚注或尾注标记，Word 会在操作界面的下方打开注释编辑区
窗口，例如，我们双击脚注标记，打开如图 7-44 所示的注释编辑区窗口。

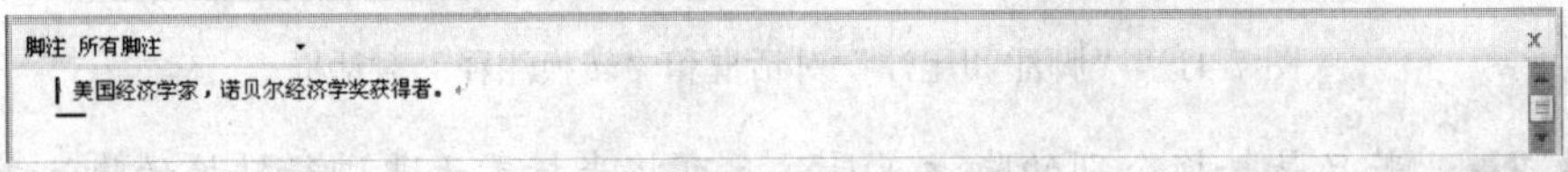

图 7-44 注释编辑区窗口

步骤 2▶ 单击"脚注"列表框右侧的三角按钮，在展开的下拉列表中选择"脚注分
割符"项，如图 7-45 左图所示，在编辑区中将显示脚注分割符，如图 7-45 中图所示，此
时我们可对脚注分割符进行编辑，例如在光标闪烁处输入三个"*"符号，如图 7-45 右图
所示。也可根据需要增加分割符的长度，或将脚注分割符删除。

图 7-45 编辑脚注分割符

步骤 3▶ 单击注释编辑区窗口中的"关闭"按钮，返回文档编辑状态，然后切换
到页面视图，将发现脚注分割符发生了相应的变化，效果如图 7-46 所示。

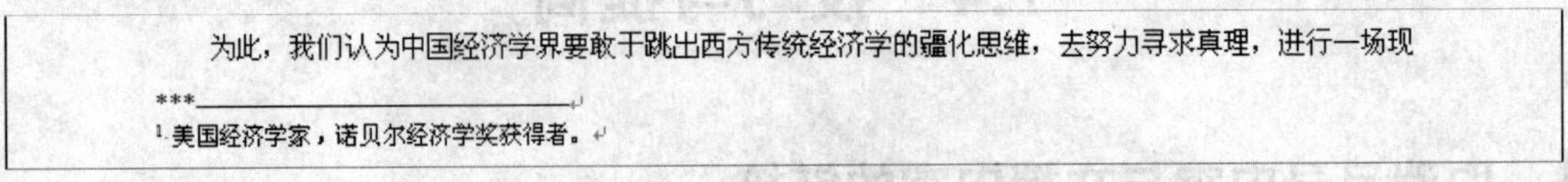

为此，我们认为中国经济学界要敢于跳出西方传统经济学的疆化思维，去努力寻求真理，进行一场现

***

1. 美国经济学家，诺贝尔经济学奖获得者。

图 7-46 脚注分割符更改后的效果

本章小结

本章共分三节介绍了与长文档的处理有关的知识,如在大纲视图下组织文档大纲,使用主控文档管理子文档,编制目录与索引,以及在文档中插入脚注和尾注的方法。

通过第一节的学习,读者应熟练掌握进入与退出大纲视图的方法,能够熟练地在大纲视图中调整标题的级别及文档内容;熟悉创建子文档以及保存主控文档和子文档的方法,能够在主控文档中插入已有的文档作为子文档,能够打开、编辑与锁定子文档,将子文档合并到主控文档中,删除不再使用的子文档。通过第二节的学习,读者应能够熟练地为文档编制目录和索引,掌握更新目录和索引的方法,并能够联系之前所学的知识设置目录的格式。通过第三节的学习,读者应能够熟练地掌握为文档添加脚注和尾注的方法,能够熟练地查看脚注和尾注,会转换脚注和尾注。

总之,掌握上述的这些内容,可帮助我们快速、高效地完成长文档的编辑。

思考与练习

一、填空题

1. 若要进入大纲视图模式,可单击＿＿＿＿＿选项卡＿＿＿＿＿组中的＿＿＿＿按钮。

2. 若要将大纲视图中的标题降低一个级别可单击＿＿＿＿＿＿按钮,若要提升一个级别可单击＿＿＿＿按钮。

3. 在大纲视图中,当＿＿＿＿＿＿＿＿＿＿＿＿＿时,标题前面的"⊖"号会变为"⊕"号,双击各标题前的"⊕"符号,可＿＿＿＿＿＿＿＿＿＿＿＿＿＿＿。

4. 若要打开子文档,除了在 Word 程序中直接打开外,可在按住＿＿＿＿键的同时单击＿＿＿＿＿＿＿＿＿＿＿,或者当子文档处于展开状态时,双击＿＿＿＿＿＿＿。

5. 在编制目录前,我们需要将标题段落＿＿＿＿＿＿＿＿＿＿＿＿＿＿＿。

6. 在目录内容上单击鼠标,然后按＿＿＿＿＿键,也可执行更新目录的操作。

7. ＿＿＿＿＿＿的主要作用是列出文档中的重要信息及其页码,方便读者快速查找。

8. 如未显示索引标记,可单击＿＿＿＿选项卡＿＿＿＿＿组中的＿＿＿＿＿＿按钮。

9. 脚注和尾注都由两个关联的部分组成,即＿＿＿＿＿＿＿＿＿及相应的＿＿＿＿＿＿＿,

10. 按＿＿＿＿＿＿键可快速插入脚注,按＿＿＿＿＿＿键可以快速插入尾注。

二、问答题

1. 简述如何将子文档合并到主控文档中,以及如何删除不需要的子文档。

2. 简述编制索引的方法。

3. 简述查看与编辑脚注的方法。

三、操作题

制作企业规章制度，实例效果请参见本书配套素材"素材与实例">"实例效果">"第7章">"企业规章制度.docx"。

提示：

（1）在大纲视图下构建文档大纲，调整标题的级别，并在其中输入正文。

（2）为文档编制目录。

第 8 章　邮件合并功能

【本章导读】

　　在实际工作中经常会遇到这种情况：需要处理的文件主要内容基本相同，只是具体数据有变化，比如学生的录取通知书、成绩报告单、获奖证书等。此时，如果是一份一份编辑打印，虽然每份文件只需修改个别数据，但也很麻烦。有没有好的解决办法呢？答案是肯定的，利用 Word 2007 的邮件合并功能，我们可以直接从数据库中获取数据，将其合并到信函内容中，从而减少了重复性劳动，提高了工作效率。

　　此外，我们还可利用 Word 2007 中的信封制作向导，批量制作面向不同收件人的信封。在这一章，我们就来学习邮件合并功能的相关知识。

【本章内容提要】

☞ 掌握创建数据源文件的方法
☞ 掌握将数据源合并到主文档中的方法
☞ 掌握使用信封制作向导制作信封的方法

8.1　批量制作录取通知书

　　本节我们将通过制作如图 8-1 所示的录取通知书，介绍 Word 2007 邮件合并功能的应用。实例的最终效果可参见本书配套素材"素材与实例" > "实例效果" > "第 8 章" > "录取通知书最终效果.docx"。

图 8-1　实例效果

实训 1　创建主文档和数据源文件

要利用 Word 2007 的邮件合并功能批量制作录取通知书，首先要建立主文档和数据源文件。其中，主文档中包含了录取通知书的基本内容，数据源文件中则包含了录取通知书的相关信息，如被录取学生的姓名、学院（系）和专业。

【实训目的】
- 了解主文档和数据源文件的作用。
- 掌握创建数据源文件的方法。

【操作步骤】

步骤 1▶　主文档中的内容分为两部分，一部分是固定不变的，一部分是可变的，与数据源文件中的内容对应。下面我们首先创建主文档，并输入其中固定不变的部分。在这里我们打开本书提供的素材文件"素材与实例">"素材">"第 8 章">"录取通知书.docx"，以其作为主文档，如图 8-2 所示。

图 8-2　主文档

步骤 2▶　下面我们来创建数据源文件。单击"邮件"选项卡"开始邮件合并"组中的"选择收件人"按钮 ，在展开的列表中选择"键入新列表"项（参见图 8-3 左图所示），打开"新建地址列表"对话框，在该对话框中显示了不同的列，如"职务"、"名字"等，如图 8-3 右图所示。

 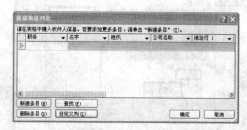

图 8-3　选择"键入新列表"项打开"新建地址列表"对话框

步骤 3▶　我们可以根据需要重新设置地址列表中的列。若要删除不用的列，可单击"自定义列"按钮，打开"自定义地址列表"对话框，在"字段名"列表中选择要删除的列，如"名字"，然后单击"删除"按钮，再在弹出的提示对话框中单击"是"按钮，如图 8-4 左图所示。用同样的方法将"姓氏"和"公司名称"列删除，效果如图 8-4 右图所示。

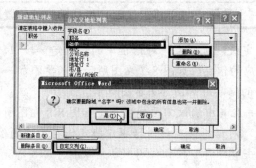 

图 8-4　删除不用的列

步骤 4▶ 若要重命名列，可首先在"字段名"列表中选择要重命名的列，如"职务"，然后单击"重命名"按钮，在打开的"重命名域"对话框的"目标名称"编辑框中输入新的列名称，如"编号"，单击"确定"按钮，如图 8-5 左图所示，则效果如图 8-5 右图所示。

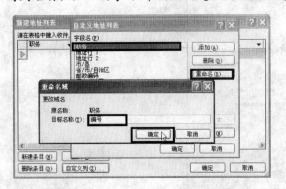

图 8-5　重命名列

步骤 5▶ 若要添加列，可单击"添加"按钮，在打开的"添加域"对话框的"键入域名"编辑框中输入列名称，如"姓名"，然后单击"确定"按钮，如图 8-6 左图所示，用同样的方法添加名称为"学院（系）"和"专业"的列，效果如图 8-6 右图所示。

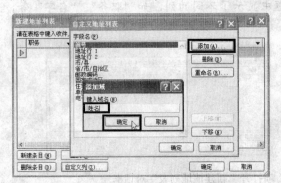

图 8-6　添加列

.提　示.

单击"自定义地址列表"对话框中的"上移"或"下移"按钮，可移动列的位置。

步骤 6▶ 完成列的设置后，单击"自定义地址列表"对话框中的"确定"按钮，然后在"新建地址列表"对话框的列中输入相应的信息，如图 8-7 左图所示。如要添加一行，可单击"创建条目"按钮，然后再输入相应的信息，如图 8-7 右图所示。

步骤 7▶ 用同样的方法添加其他行，并在其中输入需要的信息，如图 8-8 左图所示。最后单击"确定"按钮，打开"保存通讯录"对话框，在该对话框中指定保存文件的位置以及文件名称，如图 8-8 右图所示，然后单击"保存"按钮保存数据源文件。

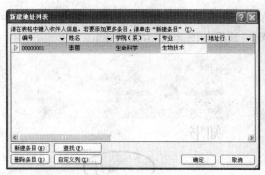 

图 8-7 输入相关信息

图 8-8 输入其他信息并保存数据源文件

 提 示

在如图 8-3 所示"选择收件人"列表中选择"使用现有列表"项，可以导入多种类型的数据源，如 Word 文档、Excel 表格和 Access 数据库等，如图 8-9 所示。

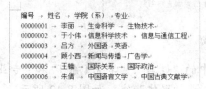 

图 8-9 Word 格式和 Excel 格式的数据源

实训 2 将数据源合并到主文档中

要将数据源合并到主文档中，应首先在主文档中插入与数据源列表项对应的域，然后执行相应操作，即可生成目标文档，从而完成录取通知书的制作。

【实训目的】

● 掌握将数据源合并到主文档的方法。

【操作步骤】

步骤 1▶ 将光标定位在要插入合并域的位置，然后单击"邮件"选项卡"编写和插入域"组中"插入合并域"按钮右下角的三角按钮,在展开的列表中选择"编号"项,如图 8-10 左图所示,将"编号"域插入到光标处,效果如图 8-10 右图所示。

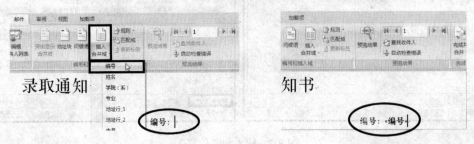

图 8-10 插入"姓名"域

　　如果实训 2 未紧接实训 1 来进行,必须在执行此操作前首先选择收件人,即参照前面介绍的方法"键入新列表"或"使用现有列表",否则"邮件"选项卡中的"编写和插入域"组不可用。

　　将合并域插入主文档时,域名称总是由尖括号"《»"括住。这些尖括号不会显示在合并文档中,它们只是帮助将主文档中的域与普通文本区分开来。

步骤 2▶　　用同样的方法将"姓名"、"学院(系)"和"专业"域插入到文档中相应的位置,效果如图 8-11 所示。

图 8-11 插入其他域

步骤 3▶　　如果需要,我们可以选中插入到文档中的"姓名"、"学院(系)"和"专业"域,为其设置字符格式,例如将它们设置为"小二"号、"黑体"字,如图 8-12 所示。

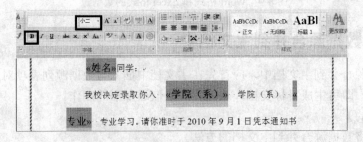

图 8-12 设置字符格式

步骤 4▶　　若我们要预览邮件合并后的效果,可单击"邮件"选项卡"预览结果"组中的"预览结果"按钮，然后单击该组中的"上一记录" ◄ 或"下一记录"按钮 ►，如图 8-13 所示，再次单击"预览结果"按钮，可退出预览模式。

步骤 5► 单击"邮件"选项卡"完成"组中"完成并合并"按钮右下角的三角按钮，在展开的列表中选择"编辑单个文档"项，如图 8-14 左图所示。

步骤 6► 在打开的"合并到新文档"对话框中选择"全部"单选钮，如图 8-14 右图所示，然后单击"确定"按钮，Word 将根据设置自动合并文档，并将全部记录存放在一个新文档中，效果如图 8-1 所示。

图 8-13　预览合并后的效果　　　　　　　图 8-14　合并邮件

8.2　批量制作信封

利用 Word 2007 的信封制作向导，可以对多个收件人批量生成的信封，效果如图 8-15 所示，最终效果参见本书配套素材"素材与实例">"实例效果">"第 8 章">"信封.docx"。

图 8-15　实例效果

实训 3　利用信封制作向导批量制作中文信封

【实训目的】
● 掌握使用信封制作向导制作信封的方法。

【操作步骤】

步骤 1► 启动 Word 2007，单击"邮件"选项卡"创建"组中的"中文信封"按钮，如图 8-16 左图所示，打开"信封制作向导"对话框，如图 8-16 右图所示。

步骤 2► 单击"下一步"按钮，在"信封样式"下拉列表中设置信封的样式，如"国内信封－C5（229×162）"，如图 8-17 所示。

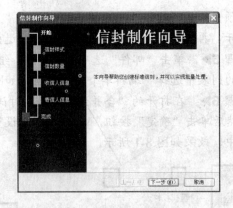

图 8-16　单击"中文信封"按钮打开"信封制作向导"对话框

步骤 3▶　单击"下一步"按钮，选择生成信封的方式和数量，如选择"基于地址簿文件，生成批量信封"单选钮，如图 8-18 所示。

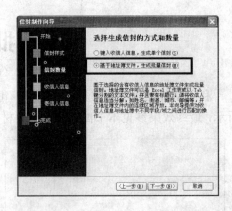

图 8-17　设置信封样式　　　　　　　　　　　　图 8-18　选择生成信封的方式和数量

步骤 4▶　单击"下一步"按钮，然后单击"选择地址簿"按钮，如图 8-19 左图所示，在打开的"打开"对话框的"文件类型"下拉列表中选择"Excel"项，再查找本书提供的数据源文件"素材与实例" > "素材" > "第 8 章" > "联系人信息.xls"，如图 8-19 右图所示，单击"打开"按钮，导入数据源文件。

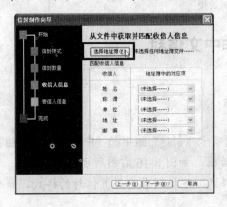

图 8-19　导入数据源文件

步骤 5▶ 在"匹配收件人信息"设置区中设置对应的字段名，例如，在"姓名"下拉列表中选择"姓名"项，在"地址"下拉列表中选择"地址"项，在"邮编"下拉列表中选择"邮编"项，如图 8-20 所示。

步骤 6▶ 单击"下一步"按钮，然后在"输入寄信人信息"设置区中设置寄信人信息，如图 8-21 所示。

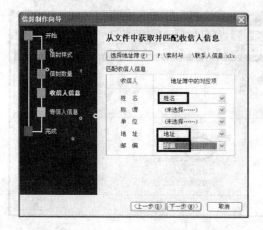

图 8-20 导入收件人信息

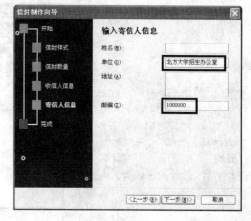

图 8-21 设置寄信人信息

步骤 7▶ 单击"下一步"按钮，然后单击"完成"按钮完成信封制作，效果如图 8-15 所示。

8.3 技巧与提高

1. 突出显示合并区域

预览邮件合并的效果时，原来的域被内容填充，为了方便区分哪些是域内容，哪些是原文内容，可突出显示合并区域，方法是：单击"邮件"选项卡"编写和插入域"组中的"突出显示合并域"按钮，如图 8-22 所示。

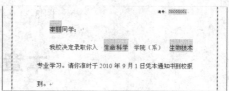

图 8-22 突出显示合并域

2. 筛选收件人

若我们要将邮件仅发送给符合某一条件的收件人，例如在全班联系人中，将补考通知书发送给成绩不合格的学生，就可以通过筛选收件人操作实现，其方法如下。

步骤 1▶ 将联系人列表导入后，单击"邮件"选项卡"开始邮件合并"组中的"编辑收件人列表"按钮，如图 8-23 左图所示，打开"邮件合并收件人"对话框。

步骤 2▶ 在"邮件合并收件人"对话框的"调整收件人列表"列表区单击"筛选"按钮，如图 8-23 右图所示，打开"筛选和排序"对话框。

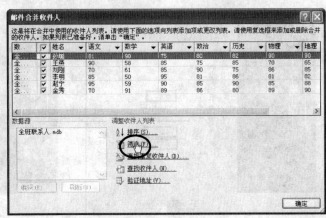

图 8-23　打开"邮件合并收件人"对话框

步骤 3▶ 在"域"下拉列表中选择要筛选的域，如"数学"，在"比较关系"下拉列表中选择"小于"，在"比较对象"编辑框中输入 60，如图 8-24 左图所示，然后单击"确定"按钮，筛选后的效果如图 8-24 右图所示。

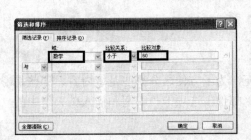
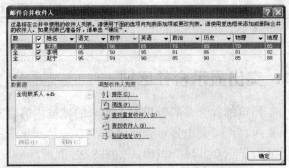

图 8-24　筛选收件人

本章小结

"邮件合并"是 Word 的一项高级功能，可以在实际工作中简化劳动强度，提高办公效率，是办公自动化人员应掌握的基本技术之一。

本章通过批量制作录取通知书和信封，介绍了 Word 2007 中邮件合并功能的使用方法。通过本章的学习，读者应能够利用键入新列表功能创建数据源文件，能够将数据源合并到主文档中，会使用预览结果功能预览邮件合并后的效果，以及利用信封制作向导制作信封。

思考与练习

一、填空题

1．使用 Word 的邮件合并功能时，主文档包含了_____和_____两部分内容。

2．利用"邮件"选项卡_____组中的_____按钮，可以将现有数据源合并到主文档中。

3．单击_____组中的_____按钮，可预览邮件合并后的效果。

4．利用 Word 2007 的_____功能，可批量制作信封。

二、问答题

1．简述在"自定义地址列表"对话框中删除、添加和重命名字段的方法。

2．简述将现有数据源合并到主文档的方法。

三、操作题

利用 Word 2007 的邮件合并功能制作如图 8-25 所示的学生成绩单，实例效果详见本书配套素材"素材与实例"＞"实例效果"＞"第 8 章"＞"期末考试成绩通知单最终效果.docx"。

期末考试成绩通知单

孙璐同学：

以下为你在 2009 年度期末考试的成绩单：

语文	数学	英语	政治	历史	物理	地理	生物
81	90	75	80	82	89	90	90

2009 年 1 月 28 日
实验中学教务处

期末考试成绩通知单

王燕同学：

以下为你在 2009 年度期末考试的成绩单：

语文	数学	英语	政治	历史	物理	地理	生物
90	58	85	75	85	85	88	65

2009 年 1 月 28 日
实验中学教务处

期末考试成绩通知单

刘刚同学：

以下为你在 2009 年度期末考试的成绩单：

语文	数学	英语	政治	历史	物理	地理	生物
70	61	85	90	75	81	82	85

2009 年 1 月 28 日
实验中学教务处

期末考试成绩通知单

李明同学：

以下为你在 2009 年度期末考试的成绩单：

语文	数学	英语	政治	历史	物理	地理	生物
85	50	95	81	86	86	85	82

2009 年 1 月 28 日
实验中学教务处

图 8-25 实例效果

提示：

（1）创建如图 8-26 所示的主文档，详见本书提供的素材文件"素材与实例"＞"实例效果"＞"第 8 章"＞"期末考试成绩通知单.docx"。

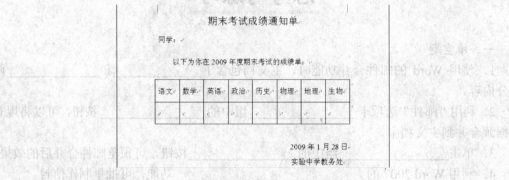

图 8-26　创建主文档

（2）创建如图 8-27 所示的联系人列表。

（3）将数据源合并到主文档中，完成期末考试成绩通知单的制作。

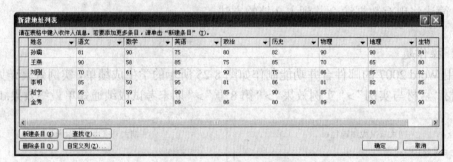

图 8-27　创建联系人列表

第 9 章　Word 的高级功能

【本章导读】

通过前面的学习，我们已掌握了 Word 的基本功能与方法。在本章中，我们再来向读者介绍一些 Word 的高级功能，如检查文档拼写和语法错误的方法，为文档增加批注的方法，修订文档的方法，为文档设置密码的方法，以及禁止编辑文档格式和内容的方法等。

【本章内容提要】

☞　检查和审阅文档
☞　保护文档

9.1　检查和审阅文档——批改英文作文

在输入文本时，难免会出现拼写和语法错误。Word 提供了拼写和语法检查功能，可以在输入文本的同时检查拼写及语法错误，或在文档编辑完成后集中检查，并提出修改建议。

一般情况下，编写好的文字材料都会在部门内部进行传阅和修改。利用 Word 的批注功能可以在文档中添加批注，Word 允许多个审阅者对文档添加批注，并以不同的颜色标识。

此外，当我们写好一篇文档后，可能会请领导、同事来审阅，此时审阅者可使用 Word 的修订功能以修订方式修改文档，作者则可以在检查修订后的文档时决定接受或拒绝修订。

本节我们通过批改英文作文，来介绍检查和审阅文档有关的知识。实例效果详见本书配套的素材文件"素材与实例">"实例效果">"第 9 章">"批改英文作文最终效果.docx"。

实训1 检查拼写和语法错误

【实训目的】

- 掌握键入时自动检查拼写和语法错误的方法。
- 掌握集中检查拼写和语法错误的方法。

【操作步骤】

步骤1▶ 默认情况下，Word 会在我们输入文本的同时自动对其进行拼写和语法检查，用红色波浪下划线标识有拼写错误或不可识别的单词，用绿色波浪下划线标识出现语法错误的内容，如图 9-1 所示。

步骤2▶ 此时，我们可以根据 Word 提出的修改建议对错误的内容进行修改，其方法为：在带有波浪线的文字上单击鼠标右键，在弹出的快捷菜单中选择修改建议，如图 9-2 所示。其中，右键菜单中各选项的含义如下。

- **忽略：**忽略拼写和语法错误的单词，并继续进行检查。
- **全部忽略：**忽略文档中所有该单词的拼写错误。
- **添加到词典：**将该单词添加到 Word 的词典中，Word 将不再视该单词为错误项。
- **拼写检查：**将打开"拼写"对话框，以便指定附加的拼写选项，如图 9-3 所示。

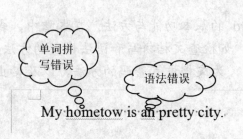

图 9-1 标记拼写和语法错误

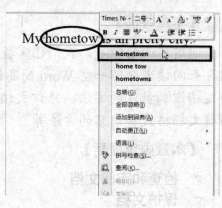

图 9-2 更改拼写错误

·提示·

若要取消在键入内容时自动检查拼写和语法功能，可单击"Office"按钮，在展开的列表中单击"Word 选项"按钮，打开"Word 选项"对话框，单击对话框左侧的"校对"项，然后在右侧的"在 Word 中更正拼写和语法时"设置区取消"键入时检查拼写"和"键入时标记语法错误"复选框的选中状态，如图 9-4 所示。

若要在当前打开的文档中显示或隐藏拼写或语法标记，可执行如下操作：在"例外项"下拉列表中选择当前打开文档的名称，如图 9-4 所示中的"文档 1"，然后选中或取消"只隐藏此文档中的拼写错误"和"只隐藏此文档中的语法错误"复选框。

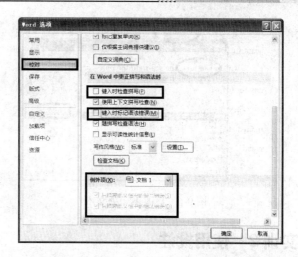

图 9-3　"拼写"对话框　　　　图 9-4　取消自动检查拼写和语法错误功能

为了不影响文档内容的录入，我们可选择在完成文档编辑后再进行拼写和语法检查工作，其操作方法如下。

步骤 1▶　打开本书提供的素材文件"素材与实例" >"素材" >"第 9 章" >"英文作文.docx"。将光标定位到文档的开头，然后按下【F7】键，系统将从光标所在的位置进行检查，然后停留在第一处发生错误的位置，如文档中的"gress"，同时打开"拼写和语法"对话框，在"不在词典中"列表框中错误的内容以红色突出显示，如图 9-5 所示。

步骤 2▶　在"建议"列表框中选择要替换为的单词，然后单击"更改"按钮进行更改，如图 9-5 所示。若要更改文档中所有该单词，可单击"全部更改"按钮；若不修改标记错误的单词，可单击"忽略一次"按钮。

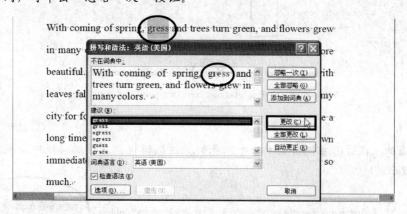

图 9-5　取消自动检查拼写和语法错误功能

步骤 3▶　在处理了第一处标记错误的单词后，下一个拼错的单词将被标记，以同样的方法对其进行修改，如图 9-6 所示。

步骤 4▶　完成全文检查后，将弹出完成检查提示对话框，如图 9-7 所示，单击"确定"按钮，实例效果参见本书提供的配套素材"素材与实例" >"实例效果" >"第 9 章" >"批改英文作文（检查拼写和语法错误）.docx"。

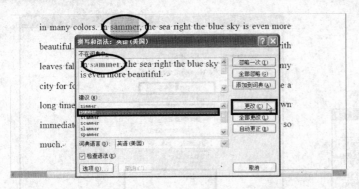

图 9-6 更改下一处文本   图 9-7 完成检查提示对话框

实训2 使用批注

批注是为文档某些内容添加的注释信息。下面我们为检查拼写和语法错误后的英文作文添加批注。

【实训目的】

● 掌握为文档添加批注，以及查看、编辑和删除批注的方法。

【操作步骤】

步骤1▶ 打开本书提供的素材文件"素材与实例">"实例效果">"第9章">"批改英文作文（检查拼写和语法错误）.docx"。要在文档中添加批注，可首先选中要添加批注的文本，然后单击"审阅"选项卡"批注"组中的"新建批注"按钮 ，如图9-8所示。

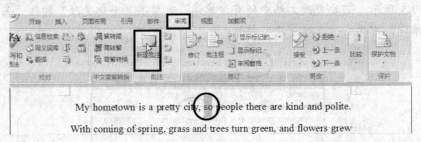

图 9-8 选取文本并单击"新建批注"按钮

步骤2▶ 在页面右侧将显示一个红色的批注编辑框，在该编辑框中输入批注文本，如图9-9所示。

My hometown is a pretty city, so people there are kind and polite.

With coming of spring, grass and trees turn green, and flowers grew

in many colors. In summer, the sea right the blue sky is even more

图 9-9 为所选文本添加批注

步骤3▶ 单击批注编辑框外的任意位置，退出该批注的编辑。重复上述操作，在文档中的其他位置添加批注，如图9-10所示，实例效果详见本书提供的素材文件"素材与实例"＞"实例效果"＞"第 9 章"＞"批改英文作文（添加批注）.docx"。

图 9-10　添加其他批注

．提　示．

　　若在添加批注前未选中内容，Word 将自动以光标所在位置的词组或其右侧单字作为添加批注对象，连续的字母或数字被视为一个批注对象。

步骤 4▶　　若要查看文档中的批注，可将"Ｉ"形鼠标指针移至正文中添加批注的对象上，鼠标指针附近将出现浮动窗口，显示批注者名称、批注日期和时间，以及批注的内容，如图 9-11 所示。其中，批注者名称为安装 Office 软件时注册的用户名。

　　另外，单击"批注"组中的"上一条"和"下一条"按钮，可使光标在批注之间跳转，方便查看文档中的所有批注，如图 9-12 所示。

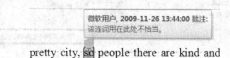

图 9-11　查看批注

图 9-12　"上一条"和"下一条"按钮

．提　示．

　　若文档中包含有多个审阅者添加的批注，单击"审阅"选项卡"修订"组中的"显示标记"按钮，在弹出的子菜单中选中或取消审阅者选项前的选中标记，可在文档中显示或隐藏该审阅者的批注，如图 9-13 所示。

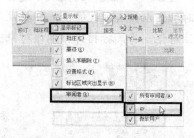

图 9-13　显示或隐藏某一审阅者的批注

步骤 5▶ 要编辑批注，可在要编辑的批注框内单击鼠标，进入批注编辑状态，编辑批注的方法与编辑普通文本相同，如图 9-14 所示。

图 9-14　在批注框内增补文本

步骤 6▶ 要隐藏文档中的批注，可单击"审阅"选项卡"修订"组中的"显示标记"按钮，在展开的列表中清除"批注"项前的选中标记，如图 9-15 所示。再次单击该项可重新显示隐藏的批注。

图 9-15　隐藏批注

步骤 7▶ 要删除文档中的单个批注，可右键单击该批注，在弹出的快捷菜单中选择"删除批注"选项或单击"审阅"选项卡"批注"组中的"删除"按钮，如图 9-16 所示。

步骤 8▶ 要删除文档中的所有批注，可单击文档中的某一个批注，然后单击"审阅"选项卡"批注"组中"删除"按钮右侧的三角按钮，在展开的列表中选择"删除文档中的所有批注"项，如图 9-17 所示。

图 9-16　删除所选批注　　　　　　　　　　　图 9-17　删除所有批注

步骤 9▶ 我们还可根据需要更改批注的显示方式。例如单击"修订"组中的"批注框"按钮，在展开的列表中选择"以嵌入方式显示所有修订"项（参见图 9-18 左图），此时批注以嵌入方式显示，即批注不再单独显示在文档右侧，而只在批注对象的右侧显示批注标记，将鼠标指针移到该对象上时，会显示批注内容，如图 9-18 右图所示。

图 9-18　以嵌入方式显示批注

单击"修订"组中"审阅窗口"按钮 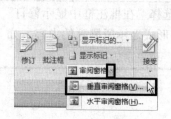 右侧的三角按钮，在展开的列表中选择"垂直审阅窗格"项，可在窗口左侧显示的垂直审阅窗格中显示批注，如图 9-19 所示。

图 9-19　以垂直方式显示审阅窗格

实训 3　使用修订

若在审阅文档时开启修订功能，Word 将以特殊方式标识审阅者对文档所做的删除、修改和新增内容，而文档作者在检查修订后的文档时可决定接受或拒绝修订。

【实训目的】
- 掌握修订文档的方法。
- 掌握接受和拒绝修订的方法。
- 掌握比较文档的方法。

【操作步骤】

步骤 1▶　打开本书提供的素材文件"素材与实例">"实例效果">"第 9 章">"批改英文作文（添加批注）.docx"。若要开启修订功能，可单击"审阅"选项卡"修订"组中的"修订"按钮 ，如图 9-20 左图所示，此时该按钮呈按下状态，在 Word 文档中进行的任何修改将被记录下来。

 .提示.

　　如果用户不需要记录修订痕迹，可关闭修订功能，即再次单击"修订"按钮。

步骤 2▶　下面我们来修订英文作文。删除第二句开头的单词"so"，然后输入"and"，此时新添加的内容以带下划线的字体显示，删除的内容用删除线划掉，效果如图 9-20 右图所示。

图 9-20　开启修订功能并修订文档内容

提示

单击"修订"组中的"批注框"按钮，在展开的列表中选择"在批注框中显示修订"选项，如图 9-21 左图所示，则 Word 将在窗口右侧以批注框形式显示所删除的内容，如图 9-21 右图所示。

图 9-21　更改修订的显示方式

步骤 3▶　继续在文档中进行修订操作，直至结束，修订后的效果如图 9-22 所示，实例效果详见本书配套的素材文件"素材与实例" > "实例效果" > "第 9 章" > "批改英文作文（使用修订）.docx"。

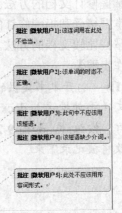

图 9-22　修订其他内容

知识库

如果是多位审阅者在修订同一篇文档，就需要使用不同的标记颜色以互相区分。此时我们可以根据需要自定义修订标记的格式，其方法如下：

单击"修订"组中"修订"按钮下方的三角按钮，在展开的列表中选择"修订选项"项，如图 9-23 左图所示，在打开的"修订选项"对话框的"插入内容"、"删除内容"和"修订行"下拉列表中设置修订标记的样式，在它们后方的"颜色"下拉列表中设置修订标记的颜色，如图 9-23 右图所示，然后单击"确定"按钮。

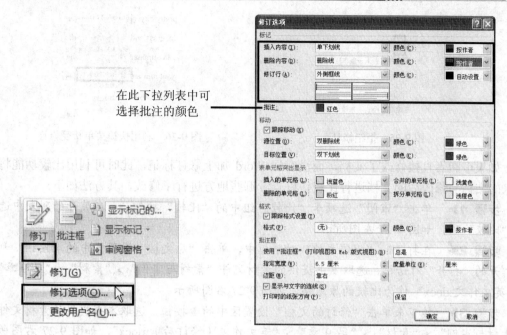

在此下拉列表中可
选择批注的颜色

图 9-23　自定义修订标记

步骤 4▶　文档进行了修订后，文档作者可以决定接受或拒绝审阅者所做的修订。若
要接受修订，可将光标放置在文档中进行修订的位置，然后单击"审阅"选项卡"更改"
组中"接受"按钮下方的三角按钮　，在展开的列表中选择"接受修订"项，如图 9-24
左图所示，效果如图 9-24 右图所示。若要接受对文档中所做的所有修订，可选择"接受对
文档的所有修订"项。

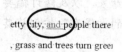

图 9-24　接受修订

步骤 5▶　如果要拒绝修订，可单击"更改"组中"拒绝"按钮右侧的三角按钮　，在
展开的列表中选择"拒绝修订"选项或"拒绝对文档的所有修订"选项，如图 9-25 所示。

小技巧

　　此外，我们也可在修订位置右击鼠标，从弹出的快捷菜单中选择"接受修订"或"拒
绝修订"选项，接受或拒绝对文档的修订操作，如图 9-26 所示。

图 9-25 拒绝修订   图 9-26 利用快捷菜单接受修订

如果审阅者直接修改了文档，而没有让 Word 加上修订标记，此时可利用比较功能将原来的文档与修改后的文档进行比较，以查看哪些地方进行了修改，其方法如下。

步骤 1▶ 单击"审阅"选项卡"比较"组中的"比较"按钮，在展开的列表中选择"比较"项，如图 9-27 左图所示。

步骤 2▶ 在打开的"比较文档"对话框中，单击"原文档"设置区中的按钮，利用打开的"打开"对话框，选取本书提供的素材文件"素材与实例"＞"素材"＞"第 9 章"＞"英文作文.docx"作为比较的原文档，如图 9-27 右图所示。

步骤 3▶ 接下来单击"修订的文档"设置区中的按钮，选取本书提供的素材文件"素材与实例"＞"素材"＞"第 9 章"＞"英文作文（修订后）.docx"，如图 9-27 右图所示。

图 9-27 比较文档

步骤 4▶ 单击"确定"按钮，此时窗口将分成 4 个区域，分别显示两个文档的内容、比较的结果，以及修订摘要，如图 9-28 所示。若要保存比较结果，可单击"快速启动"工具栏中的"保存"按钮将其保存。

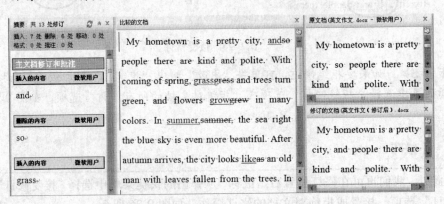

图 9-28 比较结果

提示

　　若要进行比较的文档中带有修订建议，此时系统会弹出提示对话框，单击"是"按钮表示接受修订并比较文档，如图 9-29 所示。

图 9-29　提示对话框

9.2　保护文档——为新闻稿设置密码

　　本节我们将通过为新闻稿设置密码，介绍与保护文档有关的知识。例如，通过为文档设置密码，限制其他用户打开文档；通过为文档设置保护密码，保护文档不被错误地修改。

实训 4　加密文档

【实训目的】
●　掌握为文档设置密码、打开加密文档以及取消密码设置的方法。

【操作步骤】

步骤 1▶　打开本书提供的素材文件"素材与实例">"素材">"第 9 章">"新闻稿.docx"。单击"Office"按钮，在展开的列表中选择"准备">"加密文档"项，如图 9-30 所示。

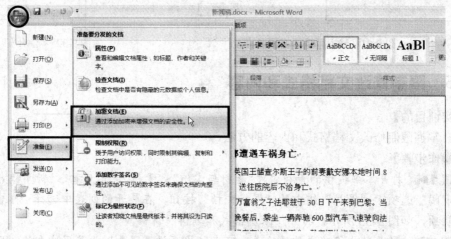

图 9-30　选择"准备">"加密文档"项

步骤 2▶ 在打开的"加密文档"对话框的"密码"编辑框中输入要设置的密码，如"123456"，此时输入的内容将以"●"形式显示，如图 9-31 左图所示，然后单击"确定"按钮。

·提 示·

在输入密码时需要注意：密码区分大小写，输入时要留意是否按下了【Caps Lock】键，以免因密码错误无法打开文档。

步骤 3▶ 在打开的"确认密码"对话框的"重新输入密码"编辑框中，再次输入设定的密码"123456"，如图 9-31 右图所示，然后单击"确定"按钮完成加密文档操作。

·知识库·

在打开已加密的文档时，会自动弹出"密码"对话框，如图 9-32 所示，在该对话框中输入正确的密码，然后单击"确定"按钮可打开加密的文档。

若要修改文档密码，可在打开文档后执行与设置密码相同的操作。

若要取消文档的加密状态，可单击"Office"按钮 ，在展开的列表中选择"准备">"加密文档"选项，如图 9-30 所示，然后清除"加密文档"对话框"密码"编辑框中的内容，单击"确定"按钮。

图 9-31　输入并确认密码　　　　　　　　　　　　　　　图 9-32　"密码"对话框

实训 5　限制修改文档格式和内容

【实训目的】
● 掌握限制修改文档格式和内容的方法。

【操作步骤】

步骤 1▶ 打开本书提供的素材文件"素材与实例">"素材">"第 9 章">"新闻稿.docx"。单击"审阅"选项卡"保护"组中的"保护文档"按钮，在展开的列表中选择"限制格式和编辑"项，如图 9-33 所示，打开"限制格式和编辑"窗格。

步骤 2▶ 若要禁止修改文档的格式，可在"格式设置限制"设置区中勾选"限制对选定的样式设置格式"复选框，如图 9-34 所示。

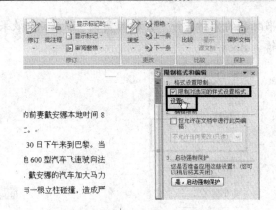

图 9-33　选择"限制格式和编辑"项　　　　图 9-34　"限制格式和编辑"窗格

步骤 3▶　如果要设置在文档中允许使用的样式，可在"格式设置限制"设置区单击"设置"超链接，在打开的"格式设置限制"对话框中，在"当前允许使用的样式"列表框中勾选允许在文档中使用的样式，如图 9-35 左图所示；此外，还可以在"格式"设置区勾选允许或禁止的格式操作。例如，如果希望禁止使用样式集，可选中"阻止快速样式集切换"复选框，如图 9-35 左图所示。

步骤 4▶　单击"确定"按钮，在弹出的提示对话框中单击"否"按钮，如图 9-35 右图所示，表示不删除文档中已有的但不允许使用的样式。

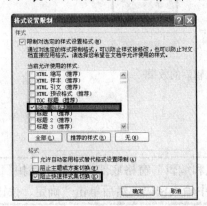

图 9-35　"格式设置限制"对话框和提示对话框

步骤 5▶　若还需要设置文档的编辑限制，可在"编辑限制"设置区中勾选"仅允许在文档中进行此类编辑"复选框，然后在其下方的列表中选择允许进行的编辑，例如选择"不允许任何更改（只读）"项，如图 9-36 左图所示。

步骤 6▶　单击"是，启动强制保护"按钮，在打开的"启动强制保护"对话框的"新密码"和"确认新密码"编辑框中输入保护密码，如"123456"，如图 9-36 右图所示，然后单击"确定"按钮，完成限制格式和编辑的设置。

此时，我们可以看到与格式设置有关的选项卡变灰处于不可用状态，"开始"选项卡"样式"组"快速样式库"中仅有"标题"样式（我们选择的允许使用的样式）高亮显示，快速样式集被禁止，如图 9-37 所示。与此同时，用户将不能对文档内容进行任何编辑，效果详见本书配套的素材文件"素材与实例">"实例效果">"第 9 章">"新闻稿（限制格式和编辑）.docx"。

 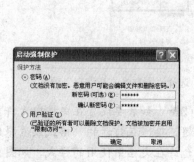

图 9-36　设置编辑限制和密码

图 9-37　设置限制格式和编辑后的效果

提　示

　　若要取消限制格式和编辑，可单击"限制格式和编辑"窗格底部的"停止保护"按钮，在弹出的"取消保护"对话框"密码"编辑框中输入密码，然后单击"确定"按钮。

9.3　技巧与提高

1．以只读方式打开文档

　　所谓以只读方式打开文档，并不是不允许对打开的文档进行编辑，而是在编辑后我们只能将编辑结果另行保存，从而使原文档不被修改。其具体操作步骤如下。

　　步骤 1▶　单击"Office 按钮" ，在展开的列表中选择"打开"项，打开"打开"对话框，选择需要打开的文件，然后单击"打开"按钮右侧的三角按钮，在展开的列表中选择"以只读方式打开"项，如图 9-38 左图所示，则以只读方式打开文档。

步骤 2▶ 若在只读方式下改动了文档，关闭文档或保存文档时，系统将弹出提示对话框，如图 9-38 右图所示，单击"是"按钮，可利用打开的"另存为"对话框另外保存改动结果，并关闭原文档，单击"否"按钮，则直接关闭原文档。

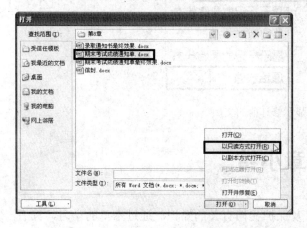

图 9-38　"打开"对话框和提示对话框

2．设置在打印时不打印文档的批注和修订等内容

一般情况下，若我们为文档添加了批注，在打印输出时，批注内容将一同被打印。若不需要打印文档批注内容，可单击"**Office 按钮**"，然后在弹出的菜单中选择"打印"选项，在打开的"打印"对话框中的"打印内容"下拉列表中选择"文档"选项，如图 9-39所示。

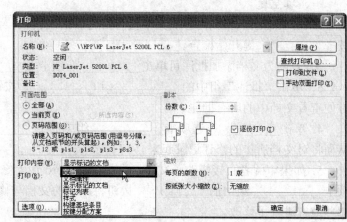

图 9-39　打印不带批注和修订的文档

3．显示修订前的文档

开启修订功能后，我们所做的任何修改将被记录下来，如果要显示修订前的文档，可

在"审阅"选项卡"修订"组中的"显示以供审阅"下拉列表中选择"原始状态"项，如图 9-40 所示。

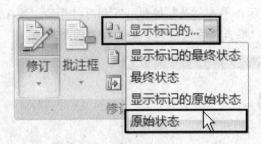

图 9-40 显示修订前的文档

本章小结

本章主要介绍了与检查和审阅文档以及保护文档有关的知识。通过本章的学习，读者应掌握自动检查拼写和语法错误以及集中检查拼写和语法错误的方法；熟练掌握为文档添加批注的方法，并能根据需要查看、编辑和删除批注；熟练掌握使用修订功能修订文档，接受和拒绝修订，以及比较文档的方法；会加密文档，为文档设置格式限制和编辑。

思考与练习

一、填空题

1. 若要在录入文档内容后集中检查拼写和语法错误，可在设置检查的起始位置之后，按＿＿＿＿＿＿键开始检查。

2. 若要为文档添加批注可单击＿＿＿＿选项卡＿＿＿＿组中的＿＿＿＿按钮。

3. 单击"批注"组中的＿＿＿＿和＿＿＿＿按钮，可使光标在批注之间跳转，方便查看文档中的所有批注。

4. 单击＿＿＿＿选项卡＿＿＿＿组中的＿＿＿＿按钮，可开启相应的功能，从而将对文档所作的修订记录起来。

5. 如果审阅者直接修改了文档，而没有让 Word 加上修订标记，可利用＿＿＿＿选项卡＿＿＿＿组中的＿＿＿＿按钮将原来的文档与修改后的文档进行比较，以查看哪些地方进行了修改。

二、问答题

1. 简述加密文档的方法。

2. 简述利用"限制格式和编辑"选项限制修改文档格式和内容的方法。

三、操作题

打开本书提供的素材文件"素材与实例">"素材">"第 9 章">"给妈妈的一封信.docx"，按照图 9-41 所示为文档添加批注并修订文档，实例最终效果详见本书配套的素材文件"素材与实例">"实例效果">"第 9 章">"给妈妈的一封信（添加批注、修订文档）.docx"。

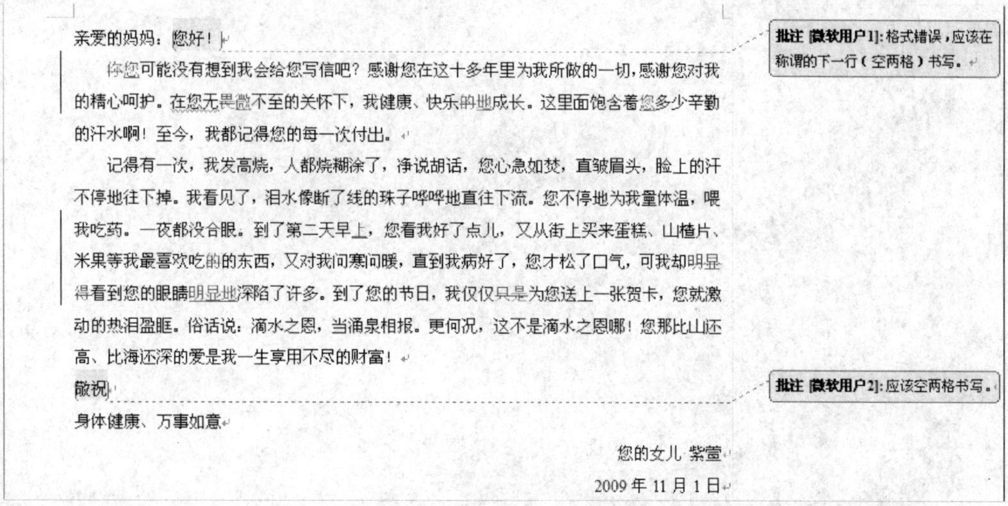

亲爱的妈妈：您好！

~~你~~您可能没有想到我会给您写信吧？感谢您在这十多年里为我所做的一切，感谢您对我的精心呵护。在您无~~微~~不至的关怀下，我健康、快乐~~的地~~成长。这里面饱含着您多少辛勤的汗水啊！至今，我都记得您的每一次付出。

记得有一次，我发高烧，人都烧糊涂了，净说胡话，您心急如焚，直皱眉头，脸上的汗不停地往下掉。我看见了，泪水像断了线的珠子哗哗地直往下流。您不停地为我量体温，喂我吃药。一夜都没合眼。到了第二天早上，您看我好了点儿，又从街上买来蛋糕、山楂片、米果等我最喜欢吃的东西，又对我问寒问暖，直到我病好了，您才松了口气，可我却明显得看到您的眼睛~~明显地~~深陷了许多。到了您的节日，我仅仅只是为您送上一张贺卡，您就激动的热泪盈眶。俗话说：滴水之恩，当涌泉相报。更何况，这不是滴水之恩哪！您那比山还高、比海还深的爱是我一生享用不尽的财富！

敬祝

身体健康、万事如意

您的女儿 紫萱

2009 年 11 月 1 日

批注 [微软用户1]: 格式错误，应该在称谓的下一行（空两格）书写。

批注 [微软用户2]: 应该空两格书写。

图 9-41　为文档添加批注并修订文档